为美丽中国赋“能”

水电水利规划设计总院　组织编写
李　昇　主编

中国经济出版社
CHINA ECONOMIC PUBLISHING HOUSE
·北京·

编委会

序　言

2022年10月，党的二十大在北京胜利召开。回顾党的十八大以来这十年，我国可再生能源行业坚持以习近平新时代中国特色社会主义思想为指导，深入实施“四个革命、一个合作”能源安全新战略，坚定不移推进清洁低碳、安全高效能源体系建设，通过引进、消化、吸收和创新实现了从小到大、从大到强的发展新跨越，取得历史性成就，有效支持和保障了我国经济社会发展！

十年来，我国可再生能源形成了以《可再生能源法》为基础、日益完善的可再生能源政策支持和监管体系，清洁替代作用日益凸显，为高质量绿色发展保驾护航。可再生能源发展规模世界第一，清洁替代贡献大幅提高，技术装备水平大幅提升，工程建设跨越发展，装备制造领跑全球，有力支撑了我国能源转型目标的实现。

十年来，我国高度重视可再生能源科技创新工作，以重大工程为依托、以成果转化为重点，在标准、技术、装备等方面取得全面进步，有效推动了脱贫攻坚和生态文明建设，实现了可再生能源开发利用与生态文明建设协调发展、相得益彰。

十年来，我国可再生能源国际合作在机制建设、项目建设、标准制定等领域成果丰硕，为世界绿色低碳发展提供“中国方案”，为高质量共建绿色“一带一路”、加速全球能源绿色转型、共建人类命运共同体贡献了中国智慧和中国力量！

党的二十大报告提出“推进美丽中国建设，坚持山水林田湖草沙一体保护和系统治理，协同推进降碳、减污、扩绿、增长，推进生态优先、节约集约、绿色低碳发展”“积极稳妥推进碳达峰碳中和。立足我国能源资源禀赋，坚持先立后破，有计划分步骤实施碳达峰行动”，为推动我国经济发展凝聚磅礴伟力、注入新的动力，为我国可再生能源发展指明方向，提供根本遵循。

水电水利规划设计总院是能源行业智库，长期致力于可再生能源行业技术支撑和服务工作。在党的二十大胜利召开之际，组织专家总结梳理了党的十八大以来中国可再生能源发展成就和宝贵经验，撰写涵盖抽水蓄能、新能源、科技、移民、安全、质监、智库建设、党建引领等多方面进展与成就的系列文章并结集成书。希望本书引起可再生能源领域各位同仁及全社会的思考和共鸣，并以此向中国可再生能源事业的建设者致以崇高的敬意！鉴于时间较为仓促，编写过程中难免有不妥之处，敬请批评指正。

水电水利规划设计总院

二〇二二年十月

目　录

潮平两岸阔　风正一帆悬

——中国抽水蓄能建设成就与展望

李　昇　赵增海　任伟楠

抽水蓄能电站具有运行灵活、反应快速的特点，是电力系统中承担调峰、填谷、储能、调频、调相、备用和黑启动等多种功能的特殊电源，在世界上已有140年的发展历史。我国抽水蓄能电站建设始于20世纪六七十年代，八九十年代大型抽水蓄能电站起步开发。进入21世纪后，电力系统对抽水蓄能电站的需求也在不断增加，抽水蓄能得到了较快发展，2008年抽水蓄能装机规模突破1000万千瓦，2012年抽水蓄能装机规模突破2000万千瓦。党的十八大以来，我国风电、光伏等新能源得以快速发展。为适应新能源上网需要，抽水蓄能的重要地位得以强化。2014年，国家发展改革委陆续出台了《关于完善抽水蓄能电站价格形成机制有关问题的通知》（发改价格〔2014〕1763号）、《关于促进抽水蓄能电站健康有序发展有关问题的意见》（发改能源〔2014〕2482号）等相关文件，开展了抽水蓄能电站体制机制和电价形成机制改革试点工作，促进了抽水蓄能电站的健康发展，形成了新一轮的建设高潮。

一 发展历程（2012年以前）

（一）产业起步（1968—1983年）

中国抽水蓄能电站的发展，始于20世纪60年代后期。

1968 年，河北岗南水库电站安装了一台容量 1.1 万千瓦的进口抽水蓄能机组。1973 年和 1975 年，北京密云水库白河水电站分别改建并安装了两台天津发电设备厂生产的 1.1 万千瓦抽水蓄能机组，总装机容量 2.2 万千瓦。这两座小型混合式抽水蓄能电站的投运，标志着我国抽水蓄能电站建设拉开序幕。

（二）稳步发展（1984—2012 年）

1984 年，以潘家口抽水蓄能电站开工建设为标志，我国抽水蓄能电站进入第一个建设高峰。尤其是广东大亚湾核电站和浙江秦山核电站的建设，推动了广州抽水蓄能电站和天荒坪抽水蓄能电站的建设。2004 年，《国家发展改革委关于抽水蓄能电站建设管理有关问题的通知》（发改能源〔2004〕71 号）明确抽水蓄能电站主要由电网经营企业进行建设和管理。随后，国网新源控股有限公司、南方电网调峰调频发电有限公司 2 家抽水蓄能专业建设管理及运营公司成立。这一时期，中国抽水蓄能稳步发展，电站装机规模跃居世界第三。

二　发展成就

党的十八大以来，中国抽水蓄能电站建设规模屡创新高，装机规模显著增长。从 2017 年起，中国抽水蓄能在运、在建规模均连续多年位居世界第一。截至 2021 年底，中国已投产抽水蓄能总装机规模 3639 万千瓦，主要分布在华东、华北、华中和广东；在建抽水蓄能装机规模 6153 万千瓦，主要分布在华东和华北；已建、在建抽水蓄能装机规模均居世界首位，达到了 2012 年的 3 倍以上。这一时期，中国抽水蓄能的主要发展成就表现在以下几个方面。

（一）管理体制机制逐步健全

党的十八大以来，为满足能源多元供应体系下电力系统安全稳定运行需要，保障人民生产、生活对电力稳定供应的需求，抽水蓄能的重要地位得以强化。2014 年，国务院印发《关于创新重点领域投融资机制鼓励社会投资的指导意见》（国发〔2014〕60 号），国家发展改革委也相继出台《关于完善抽水蓄能电站价格形成机制有关问题的通知》（发改价格〔2014〕1763 号）、《关于促进抽水蓄能电站健康有序发展有关问题的意见》（发改能源〔2014〕2482 号），明确抽水蓄能电站实行两部制电价，并鼓励社会资本投资抽水蓄能电站。

"碳达峰、碳中和"目标提出后，抽水蓄能被赋予了新的历史使命，成为构建新型电力系统的重要支撑。2021 年，国家发展改革委、国家能源局相继印发《关于进一步完善抽水蓄能价格形成机制的意见》（发改价格〔2021〕633 号）、《抽水蓄能中长期发展规划（2021—2035 年）》，以此为标志，我国抽水蓄能进入了新发展期，加快发展成为抽水蓄能产业的主旋律。

（二）工程建设技术跨越发展

党的十八大以来，中国抽水蓄能电站工程建设技术实现了从学习借鉴到自主创新发展的跨越式进步，建设了一批技术先进、特点鲜明的抽水蓄能电站工程，如储能能力世界第一、地下厂房规模世界第一、地下洞室群规模世界第一的丰宁抽水蓄能电站，世界最大发电水头756米、高压钢管最高HD值4800的长龙山抽水蓄能电站，沥青混凝土防渗面板设计冻断温度（-45℃）世界最低的呼和浩特抽水蓄能电站，顺利实现复杂地质条件大型地下洞室群开挖和支护施工的溧阳抽水蓄能电站，将定向钻打导孔、反井钻机打导井施工技术相结合，有效解决长斜井导井造孔精度问题的敦化抽水蓄能电站，将TBM应用于隧洞施工的文登、宁海、平江、桐城、抚宁抽水蓄能电站。中国抽水蓄能在坝工、库盆防渗、高水头压力管道、复杂地下洞室群以及施工技术等方面达到了世界先进或领先水平。仙游、洪屏、溧阳、深圳等抽水蓄能电站工程获得国家优质工程奖，代表了中国抽水蓄能工程建设质量的跃升。

■ 丰宁抽水蓄能电站鸟瞰图

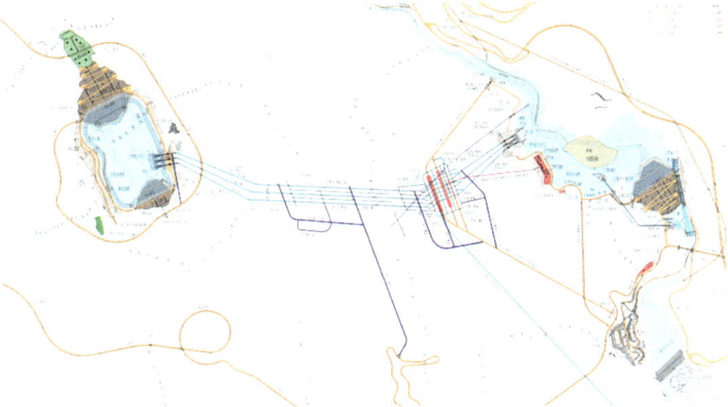

■ 长龙山抽水蓄能电站枢纽总布置

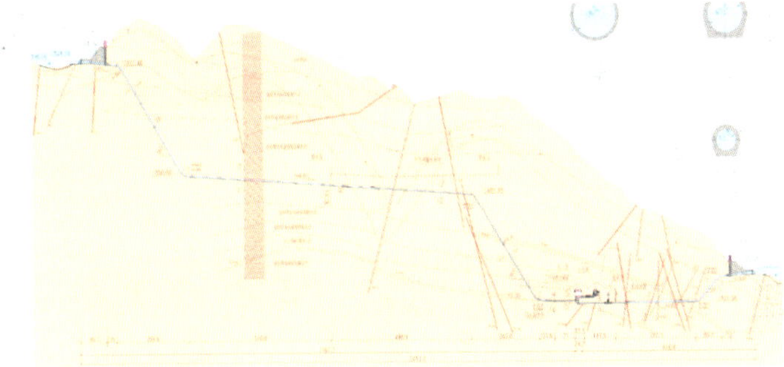

■ 长龙山抽水蓄能电站输水发电系统剖面图

■ 长龙山抽水蓄能电站高压岔管水压试验

■ 溧阳抽水蓄能电站上、下水库全景

■ 溧阳抽水蓄能电站地下厂房发电机层

（三）装备制造能力领跑全球

党的十八大以来，我国抽水蓄能电站装备制造核心技术开发和关键部件的设计、制造达到了国外同等水平，部分领域处于国际领先水平。依托黑麋峰、蒲石河、呼和浩特抽水蓄能电站，国内东电、哈电两大机组厂家积极学习国外制造技术，逐步具备自主研发的能力。2012 年投运的响水涧抽水蓄能电站是第一个由国内制造商独立完成机组设计、制造和成套供货的抽水蓄能电站。2019 年以后，我国抽水蓄能电站装备制造技术进入“领跑”阶段。这一时期投产的抽水蓄能电站均由国内制造商独立成套设计、制造和供货，机组朝着大容量、高水头、高转速、可变速方向发展。其中，广东阳江抽水蓄能电站安装 3 台 40 万千瓦机组，单机容量国内最大；敦化抽水蓄能电站最大扬程 712 米，在国内首次实现 700 米级超高水头、高转速、大容量抽水蓄能机组的完全自主研发、设计和制造。

■ 呼和浩特抽水蓄能电站上、下水库全景

■ 呼和浩特抽水蓄能电站上水库冬景

（四）全产业链体系基本完备

抽水蓄能电站全产业结构涉及站点规划、勘测设计、施工建造、装备制造、运营管理、电网调度等诸多方面。产业链上游为水轮机、水泵、发电机和主变压器等设备制造企业；产业链中游为抽水蓄能电站投资、建设及运营企业；产业链下游为接入电网系统，抽水蓄能电站接受电网指令调度运行，在系统中发挥调峰、调频、调相、事故备用等功能。党的十八大以来，通过一批大型抽水蓄能电站建设实践，中国抽水蓄能电站设计、施工、机组设备制造与电站运行水平不断提升，基本形成涵盖标准制定、规划设计、工程建设、装备制造、运营维护的全产业链发展体系和专业化发展模式。

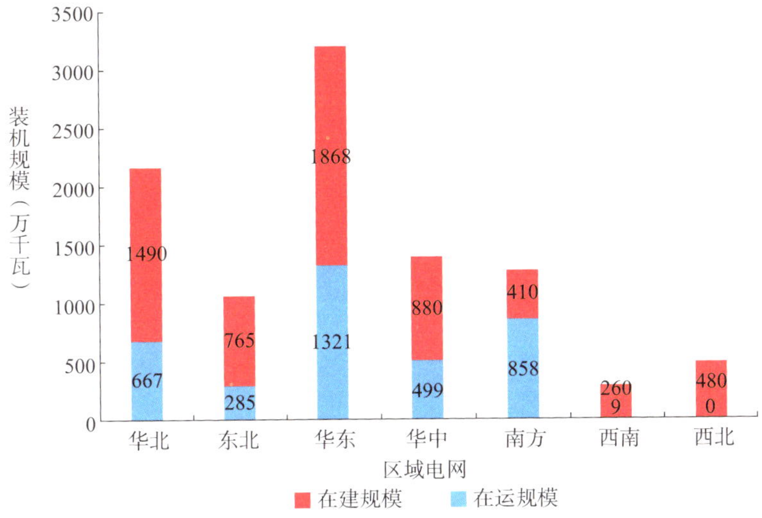

■ 截至 2021 年底中国在建、在运抽水蓄能装机容量

三 发展展望

抽水蓄能是当前技术最成熟、经济性最优、最具大规模开发条件的电力系统绿色低碳清洁灵活调节电源，与风电、太阳能发电、核电等联合运行效果最好。加快发展抽水蓄能，是构建新型电力系统的迫切要求，是保障电力系统安全稳定运行的重要支撑，是可再生能源大规模发展的重要保障。展望未来，我国抽水蓄能将进入高质量发展的新时代。

（一）建设规模大幅跃升

随着一大批建设条件优越的抽水蓄能项目即将开工建设，“十四五”期间抽水蓄能电站的建设数量将超过 200 个。到

2025 年，我国抽水蓄能装机容量预计达到 6200 万千瓦，到 2035 年超过 3 亿千瓦。

（二）应用场景更加广泛

在传统的应用场景基础上，水风光蓄一体化、风光蓄一体化等应用场景将逐步出现，抽水蓄能在西南水电基地和西北沙漠、戈壁、荒漠等大型新能源基地开发中储能作用凸显，中小微抽水蓄能电站的建设应用更加广泛。多类型、多场景的抽水蓄能应用格局将逐步显现。

（三）产业体系更加完善

产业链的完整度更加齐全，产业链的互动协调更加顺畅，产业配套能力显著增强，新技术新产品的应用更加快捷。抽水蓄能产业与旅游等产业的融合将逐步增强，一批围绕抽水蓄能电站的特色旅游项目将逐渐兴起。

（四）建设技术不断创新

面对各种复杂条件的挑战，抽水蓄能数字孪生与智能建造水平将持续提高并广泛应用，设计施工一体化协同技术和管理系统将不断改进。“少人化、机械化、智能化、标准化”的发展趋势将愈加明显。装备制造继续朝着高水头、大容量、高可靠性、可变速机组等方向快速发展。

“潮平两岸阔，风正一帆悬。”乘着党的二十大的东风，抽水蓄能产业蓄势待发，为构建新型电力系统、实现“双碳”目标保驾护航，为推进能源革命、建设能源强国贡献力量！

发展新引擎　绿色强动能

——中国可再生能源发展取得历史性成就

易跃春　辛颂旭　李少彦　夏　婷

可再生能源是绿色低碳能源，是我国多轮驱动能源供应体系的重要组成部分，对于保障能源安全、改善能源结构、保护生态环境、应对气候变化、实现经济社会可持续发展具有重要意义。党的十八大以来，能源行业以习近平新时代中国特色社会主义思想为指导，深入实施能源安全新战略，坚定不移推进清洁低碳、安全高效能源体系建设，大力推动我国可再生能源实现跨越式发展，在开发规模、清洁替代、技术装备等方面“换挡提速”“换道超车”，取得了诸多历史性成就。

一　政策体系日益完善，党领导可再生能源发展的制度优势凸显

在党中央、国务院高度重视和坚强领导下，社会主义制度集中力量办大事的优势在我国可再生能源发展中充分显现。一是依法及时组织编制全国及省（区、市）可再生能源发展五年规划，明确可再生能源发展的顶层设计；二是主动适应新形势，完善可再生能源上网电价、费用分摊、保障性收购等政策措施，及时调整支持政策，包括及时调整电价、及时推进竞争配置、及时转向以收定支等，发挥市场作用，促进可再生能源健康发展；三是积极组织实施清洁能源示范省、可再生能源综合应用示范、光伏“领跑者”基地、新能源微

电网等系列示范，引导可再生能源创新高质量发展；四是切实推进重大项目落实落地，陆续建成甘肃酒泉、新疆哈密、河北张家口等千万千瓦级风电基地，核准开工及建成金沙江、雅砻江、大渡河、澜沧江等流域的一批大型和特大型常规水电站。

2021年，在习近平总书记的亲自谋划、亲自部署、亲自推动下，我国启动了总规模约4.5亿千瓦的以沙漠、戈壁、荒漠地区为重点的大型风电光伏基地规划建设。截至2022年8月底，第一批9705万千瓦的大型风电光伏基地已全部开工建设，第二批基地项目清单开始实施，正在组织开展第三批基地项目前期工作，以实际行动向世界展现了党领导我们坚定不移走绿色发展道路和实现碳达峰碳中和的雄心和决心。

■ 白鹤滩水电站

二 大基数、高增速，可再生能源发展规模稳居世界第一

党的十八大以来，在我国可再生能源发电装机位居全球第一的基础上，保持年均13%的快速增长态势。十年间，中国可再生能源新增装机容量接近全球总新增装机容量的45%。截至2021年底，我国可再生能源发电累计装机容量突破10亿千瓦，达到10.64亿千瓦，为2012年底的3.4倍；占总发电装机容量的44.8%，较2012年增长17个百分点。其中，水电、风电和光伏发电累计装机容量均超过3亿千瓦，分别达到3.91亿千瓦、3.28亿千瓦和3.07亿千瓦，分别连续17年、12年和7年稳居全球首位；生物质发电装机容量3798万千瓦，连续4年稳居全球首位。

三 消纳利用爬坡过坎，可再生能源清洁替代贡献大幅提高

2021年，我国可再生能源利用总量约7.5亿吨标准煤，占一次能源消费总量的14.2%。其中，可再生能源发电量达到2.49万亿千瓦时，占全部发电量的比重达到29.7%，较2012年提高超过10个百分点；新能源年发电量突破1万亿千瓦时，风电和光伏发电量占全部发电量的比重达到11.7%，

较2012年提高近10个百分点；主要流域水电、风电、光伏发电利用率分别达到98%、97%、98%，较2016年消纳瓶颈期提高9～14个百分点。

可再生能源发电对全国电力供应的贡献不断提升，清洁替代作用日益凸显，有力支撑我国非化石能源消费比重目标实现。

■ 山地风电

四 技术装备水平大幅提升，光伏、风电产业链国际竞争优势凸显

我国已形成较为完备的可再生能源技术产业体系。水电领域，具备全球最大的百万千瓦水轮机组自主设计制造能力，特高坝和大型地下洞室设计施工能力均处于世界领先水平。

风电领域，低风速、抗台风等风电技术位居世界前列，10 兆瓦以上大容量机组研发保持国际同步水平，国内风电装机 90% 以上采用国产风电机组。光伏领域，晶硅电池、薄膜电池最高转换效率多次刷新世界纪录，光伏产业实现每三年一次技术和生产线升级迭代，我国多晶硅、硅片、电池片和组件各环节产量全球占比均超过四分之三，2021 年光伏硅片产量占全球的 97.3%，改变了此前原料和市场两头在外的产业现状。

国际能源署《可再生能源市场报告 2021》指出："中国在未来五年内仍然是全球可再生能源的领导者。"在全产业链集成制造水平提升的有力推动下，近十年来我国陆上风电和光伏发电项目单位千瓦平均造价分别下降 30% 和 75% 左右，有力推进我国风电、光伏发电全面实现无补贴平价上网。

伊金霍洛旗采煤沉陷区生态治理光伏发电示范项目

五 可再生能源惠民利民成果丰硕，为全面建成小康社会贡献绿色力量

扎实推进无电地区电网延伸，提前完成“三区三州”、抵边村寨农网改造升级，有效改善210多个国家级贫困县群众生产生活用电条件。积极实施可再生能源独立供电工程，累计让上百万名无电群众用上绿色电力，圆满解决无电人口用电问题。2012年以来，“三区三州”等欠发达地区累计开工建设大型水电站31座，为促进地方经济发展和移民脱贫致富做出贡献。创新实施光伏扶贫工程惠及415万户贫困户，每年产生发电收益180亿元，相应安置公益岗位125万个，光伏扶贫已成为我国产业扶贫的精品工程和十大精准扶贫工程之一。

同时，新能源成为拉动投资、带动就业、促进西部地区经济社会发展的重要力量。2021年我国新增风电、光伏发电投资约4074亿元，风电、光伏发电产业领域就业人数达到260万人，产业链上下游年缴纳税费达到1200亿元。

六 减污降碳成效显著，为生态文明建设和绿色低碳发展提供支撑

可再生能源既不排放污染物，也不排放温室气体，是天

然的绿色低碳能源。2021年，我国可再生能源开发利用规模达到7.5亿吨标准煤，折合替代原煤10.5亿吨，相当于近三年我国煤炭年均进口量的3.5倍，同时减少二氧化碳、二氧化硫和氮氧化物排放量分别约20.7亿吨、40万吨和45万吨，是我国减污降碳和保障能源安全的坚实力量。

同时，我国积极推进城乡有机废弃物等生物质能清洁利用，促进人居环境改善；积极探索沙漠治理、光伏发电、种养殖相结合的光伏治沙模式，推动光伏开发与生态修复相结合，实现可再生能源开发利用与生态文明建设协调发展、相得益彰。

■ 中国电建河南兰考仪封生物天然气项目

七 国际合作不断拓展，为携手应对气候变化做出中国贡献

作为全球最大的可再生能源市场和设备制造国，我国持续深化可再生能源领域国际合作。一方面，我国水电业务遍及全球多个国家和地区，光伏产业链供应链服务全球，风电设备国际订单稳中有升，是全球能源转型的重要支撑极。另一方面，可再生能源在中国市场的广泛应用，有力促进和加快了可再生能源成本下降，进一步推动了世界各国可再生能源开发利用，加快了全球能源绿色转型进程。

与此同时，近年来我国在“一带一路”沿线国家和地区可再生能源项目投资额呈现持续增长态势，积极帮助欠发达国家和地区推广应用先进绿色能源技术，为高质量共建绿色“一带一路”贡献了中国智慧和中国力量。

勇毅肩负使命任务
奋力实现“双碳”目标
——电力央企碳达峰碳中和实现路径研究

彭　程　易跃春　赵增海　张益国　高　洁

清洁低碳是全球能源发展的主流大势，关乎人类未来。世界各国积极倡议和落实减碳目标，截至2021年底，全球已有135个国家提出“零碳”或“碳中和”愿景。我国作为应对气候变化的积极参与者、自主贡献者，促成《联合国气候变化框架公约》《京都议定书》《巴黎协定》等一系列条约的达成和生效。习近平主席在2020年9月联合国大会上庄严宣示，我国力争实现2030年前碳达峰、2060年前碳中和。能源领域在碳排放上占据绝对体量，全球碳排放的75%～80%来自能源相关活动。在我国，能源活动碳排放量占比高达90%。其中，电力行业排放量约占能源领域总排放量的40%。低碳发展是能源领域的长久命题，能源电力领域有必要率先减碳。

一　国际能源变局与启示

（一）能源生产和消费革命的基本方向是清洁低碳、安全高效

从世界能源转型变革的历史轨迹看，科技创新和市场力量引领了美国的能源革命，气候变化推动了德国的能源转型，空气污染促使了英国的能源结构调整，能源危机和灾变危机改变了日本的能源走向。从世界能源发展趋势研判，世界各国根据自身的国情，围绕“清洁低碳、安全高

效”这个核心，呈现多元化发展的阶段性特征，但就主流方向来说，构建高比例非化石能源体系是世界各国追求的终极目标。

（二）能源危机和地缘政治对全球能源转型提出迫切需求

当前能源局势波谲云诡，加之各地极端天气频发，地缘政治导致的能源博弈持续发酵。随着 2022 年俄乌冲突加剧，能源产业链供应链脆弱性尽显，能源安全问题的严峻性突出。在全球能源版图上，能源供需结构性失衡加剧。纵观 20 世纪 70 ~ 90 年代三次能源危机，均由于地缘政治导致供给侧产量下滑，供需矛盾诱发价格上涨，传导至产业链各环节，最终引发经济社会的滞涨和衰退。长远看来，摆脱化石能源依赖，清洁能源本土化发展才是破局的关键。能源独立与气候治理目标前所未有地达成一致，大力发展绿色低碳能源，重塑能源转型存在迫切需求。

（三）国际能源局势变幻对我国能源安全有重要启示

第一，能源的饭碗必须端在自己手里。立足我国富煤贫油少气的能源资源禀赋，碳中和指引下的清洁能源发展战略是能源转型和能源安全的关键。我国能源对外依存度较高，时刻面临较大的外部不可控风险；清洁能源水电、风电、光伏，甚至核电，其本质是制造业或建造业，可以回避我国的资源短板，发挥制造业强国的产能优势、电力央企集中力量办大事的凝聚力，通过大规模生产，以规模效应降低成本，实现清洁能源替代。

第二，要贯彻“先立后破”的总方针，协调好能源安全保供与“双碳”目标的关系。“一立”新能源快速发展，以基地式集约化开发为主体，协同推进分布式新能源；“二立”调节性煤电适度发展和煤电的灵活性改造，立足以煤电为主的基本国情，在一定时期内仍然发挥其电力系统安全稳定压舱石作用；“三立”水电和抽水蓄能的储能调节功能，推动水电扩机和流域水风光综合能源基地建设，加快抽水蓄能发展；“四立”新型储能、新型电力系统的新技术、新产业、新业态，以能源革命倒逼能源相关产业转型，拉投资稳增长。先立再破，在能源转型大背景下，退煤是大趋势，但是需要经历一个较长过程，先退电量和煤耗，再退容量，循序渐进；“十四五”时期可以考虑在风、光资源优越的地区，先行探索新能源替代存量煤电发电量和煤耗，推动局域风光火互补。

第三，应加强能源国际合作。顺应全球绿色低碳发展大势，加强可再生能源领域合作；通过多方多元能源供给，保障我国能源安全；通过积极参与全球治理，增强我国在国际能源领域和绿色金融领域话语权。

二　中国能源革命与电力央企责任

（一）锚定“双碳”目标，实现能源转型，必须通过能源革命进行跨越式发展

自工业革命以来，全球能源转型实现了以煤炭、油气为

代表的前两次能源替代。基于我国的现实条件，必须依托能源革命，跨越油气为主阶段，实现从煤炭到可再生能源的新纪元。能源革命的任务是以能源安全为统领，重构现代能源体系，在供给侧和消费侧，坚持多元保障、绿色低碳；在技术发展和体制机制方面，坚持创新驱动、政策保障；开放共享加强国内国际双循环。根据碳达峰碳中和目标愿景，2030年电力系统风电、光伏装机容量和年发电量在全口径发电占比将分别达到43%和25%左右，成为增量主体电源，电能占终端能源消费比重达到35%左右；到2060年，全社会90%电力来自可再生能源，彼时风电光伏装机规模和年发电量占比分别近75%和60%，成为主体电源。电能占终端能源消费比重将达到70%。能源技术创新补强短板、锻造长板，不断形成新业态、新模式，能源体制机制改革破解发展难题，深入推动能源消费革命、供给革命、技术革命、体制革命，全方位加强国际合作。

（二）电力央企积极响应党和国家号召，落实部署以“双碳”目标为导向的发展目标

为实现“双碳”目标，党中央、国务院自2021年9月以来出台碳达峰碳中和“1+N”政策体系，将重点实施能源绿色低碳转型列为碳达峰行动首位。2021年11月，国务院国资委印发《关于推进中央企业高质量发展做好碳达峰碳中和工作的指导意见》，要求推动绿色低碳转型发展，强化国有资本绿色低碳布局。目前，我国电力央企可再生能源装机规模在全国可再生能源总装机占比近56%，其中，光伏装机容量

9883万千瓦、风电装机容量21319万千瓦、水电装机容量2.6亿千瓦，在全国占比分别为32%、65%、66.5%。电力央企是我国可再生能源开发运营的生力军。在践行“双碳”目标的道路上，电力央企陆续公布“十四五”规划，关于新能源新增装机容量，预计国家能源集团1.2亿千瓦，华能集团8000万千瓦，华电集团7500万千瓦，三峡集团7000万～8000万千瓦，国家电投4000万千瓦，中国大唐3800万千瓦，中国电建4850万千瓦，中国能建力争达到2000万千瓦以上。三峡集团和国家电投宣布将在2023年提前实现企业碳达峰，三峡集团更是率先提出2040年实现企业碳中和。电力央企不断彰显实现“双碳”目标的实力和信心。

三　电力央企双碳实现路径

站在新时代的起点上，立于“十四五”开局之际，我国能源绿色低碳转型趋势明确，安全降碳主线清晰，电力央企决策者应敏锐嗅觉，着眼长远，把握当下，寻找企业发力点。

（一）把握“十四五”能源电力转型发展重要窗口期

第一，认识和把握“十四五”电力市场的深刻变化。宏观上，“双碳”成为国家意志，电力系统和电力市场从被动消纳新能源向主动迎接新能源大发展转变；微观上，低碳目标与保供任务双重叠加，意味着可再生能源需求将有效释放，可再生能源从买方市场逐步向卖方市场转变，送受端市场预期的改变将催生价格和送电曲线两大市场要素可协商，进一步改善可再生能源的技术经济可行性。

第二，“十四五”科技创新和实践将极大影响企业未来发展。以新能源为主体的新型电力系统建设任重道远，非一蹴而就，但“十四五”的科技创新和实践探索，无疑将为企业未来产业发展转型升级奠定良好基础。一是应用场景创新，从单一能源品种独立开发向水风光火储互补基地、源网荷储协同发展过渡，整装集成项目形态创新涌现，在实践中不断成熟，逐渐成为主流。二是能源领域绿色低碳前瞻性、颠覆性科技发展亟需突破，包括长周期、低成本、高安全、大容量新型储能技术研发，高性能低成本新能源发电技术，智能电网和新型电力系统安全稳定技术，可再生能源制氢及产业链发展和高性能长寿命燃料电池等关键技术，等等。三是要始终关注和推动数字化进程，提升智能化技术水平，实现新兴科技与能源电力融合发展。在数据和仿真层面，推动智能传感、数字孪生技术研究应用，充分发挥能源大数据、云计算、区块链、物联网等作用；在行业和区域层面，推进传统领域数字化、智能化发展，实现厂站级智能控制、区域级智慧能源集成发展。

第三，主动适应“十四五”能源体制机制创新窗口期。随着碳达峰碳中和“1+N”政策密集出台，“十四五”将基本建立适应未来发展愿景的政策体系。电力央企应从体制机制层面，深度参与国家制度建设，加大与政府衔接力度，推动能源政策出台，加强政策走势研判。电力央企应立足市场化大方向，投资决策既要以当下政策为基础，更要着眼于未来电力市场，主动作为，探索创新新业态，以及与新业态相适应的新型价格形成机制。聚焦绿证范畴拓展情况，关注与社会绿色消费相适应的绿证流通，逐步确立多品类清洁能源发电的环境溢价。关注绿色金融，综合考虑绿色低碳产业链的长期成长性，创新绿色金融产品类型，跟踪能源领域深度变革对全球金融体系的影响，为可持续发展提供助力。

（二）着眼集约化开发，以基地化思维入局，全面推动新能源替代行动

第一，沙漠、戈壁、荒漠风光基地开发开创了由政府主导规划，以电力央企为主力，基地式集约开发的新局面。以沙漠、戈壁、荒漠地区为重点的大型风电光伏基地项目呈现集群特点，鼓励千万千瓦级规划建设、一家实力主体或由其牵头组建单一联合体投运，要求基地与调节电源、外送通道“三位一体”同步建成投产。基地式集约化开发模式正处在积极探索形成阶段，并将成为未来新能源开发的重要方向之一。

■ 光伏电站场景

■ 风电站场景

第二，电力央企应聚焦基地式开发。《“十四五”可再生能源发展规划》（以下简称《规划》）提出七大陆上新能源基地、五大海上风电基地，电力央企应主动融入以大基地开发推动可再生能源高速、高质量发展的大局。关键环节是着力规划先行，从大基地孵化小基地，小基地整体核准，实现投资、建设、运营一体化。大基地规划能够落地，其实质性的工作是要孵化出能市场化开发的一个个“小基地”。要把握“小基地”的基本特点：一是有规模效应，达到几百万千瓦级或千万千瓦级；二是形态上实现多能互补、源网荷储协同；三是多能源品种呈现整体经济性，要深入研究各能源品种的容量配比及其联合运行方式，在此基础上对接消纳市场，形成财务盈利模型。

第三，关注新能源发展多元业态，有所为有所不为。《规划》在提出“区域布局优化发展”“重大基地支撑发展”的同时，还提出了“示范工程引领发展”和“行动计划落实发展”

等重大发展举措。示范工程引领发展，涵盖了深远海海上风电平价示范、海上能源岛示范、海上风电与海洋油气田深度融合发展示范、光伏廊道示范、生物天然气示范、生物质发电市场化示范、生物质能清洁供暖示范、中小型抽水蓄能示范、发供用高比例新能源示范、绿色能源示范县（园）、清洁能源示范省、大规模离网制氢示范和并网型风光制氢示范、村镇新能源微能网示范等；行动计划落实发展，涵盖了城镇屋顶光伏行动、“光伏 +”综合利用行动、千乡万村驭风行动、千家万户沐光行动、新能源电站升级改造行动、抽水蓄能资源调查行动、可再生能源规模化供热行动、乡村能源站行动和农村电网巩固提升行动等。电力央企应选择适合自身发展的方向，有重点地定向推动。

第四，关注装备制造的协同落地。伴随新能源的快速发展和能源革命向纵深推进，装备制造亦将有深刻变局，各地方政府对装备制造的协同落地也提出了很高的要求。电力央企可通过落实产业联盟等组织形式，总体策划、尽早布局，协同有序推进新型装备集约化制造，实现电力装备制造业集群化高质量发展。

（三）大力推动流域综合能源基地建设

第一，积极实施水电战略项目开发。流域综合能源基地建设，水电是基础，《中华人民共和国国民经济和社会发展第十四个五年规划和 2035 年远景目标纲要》提出实施雅鲁藏布江下游水电开发，建设雅鲁藏布江下游水电基地；《规划》特别强调龙头调节水库建设，这是未来流域水风光互补综合能

■ 巨型水电工程溪洛渡

源基地建设的重要基础条件。电力央企应积极布局水电重大战略工程，推动综合能源基地建设更加高效。

第二，推进水电转型发展。在新型电力系统中，水电的功能定位从以电量为主、兼顾容量调节，转变为以容量调节为主、支持新能源消纳、满足电力系统调峰调频储能需求。与新型定位相适应，电力央企有必要盘活已有水电资产，挖掘水电长周期储能功能潜力，进一步谋划水电扩机、增设可逆机组，提升服务电网容量效应，引领水电二次开发。

■ 巨型水电工程白鹤滩建设场景

第三，推动流域水风光互补基地规划建设。我国西南流域水电基地大部分处在电网送端，长距离输电实现“西电东送”或送电省内负荷中心。吸纳电站周边风电、光伏，充分利用水电送出通道，通过水风光互补，大幅提升可再生能源高质量电量送出。与此同时，充分利用水电梯级水库扩建或新建可逆机组和抽水蓄能电站，条件十分优越，可协同推进。其核心内涵包括四个“一体化”：一是“一体化运行”，充分发挥水库和水电站调节功能，实现水风光互补运行，一方面平抑风电光伏的随机波动，另一方面减小水电丰枯差异；二是“一体化送出”，利用已有的或规划建设的水电送出通道，以水电容量为支撑，吸纳风、光电量，整体提升送出电能质量和运行小时数；三是“一体化参与市场竞争”，经济性互补也是水风光互补的重要内涵，要充分利用风、光开发成本退坡的优势和互补后电能质量高的特点，构建水风光互补基地强大的市场竞争力，实现优质优价；四是“一体化投资建设运营”，投资建设运营的一体化是实现运行、送出和参与市场竞争三个“一体化”的重要基础，应努力探索实践。流域水风光互补基地规划建设在实施层面上要把握好两个核心环节：一是要做好总体规划和项目孵化，根据梯级水电的水力和电力联系，分析水库调节能力，分析电力送出节点，构建互补送出单元，孵化“小基地”项目，实现整体核准；二是要提升信息化智能调度水平，突破调度上的体制机制障碍，制定全新的调度运行规则。

第四，关注流域综合管理与运营。流域综合能源基地建设有水风光互补、流域生态修复和保护、助推流域乡村振兴、水库群多目标联合调度、组合单元积极参与电力市场竞争等诸多内涵，涉及经济、生态环境、社会等重大考量，意义深远。电力央企应站在全流域的高度，深入贯彻落实习近平总书记关于长江经济带建设、黄河流域生态保护和高质量发展的重要讲话精神，做好整体谋划，实现流域综合能源基地开发建设运营的最大效能。为更好实现上述目标，建议通过国资委协调，推动流域水电资产的重组，努力打造上、下游效益链贯通，社会责任明晰，投资主体等生产关系简单明了的流域综合能源基地。

（四）促进储能规模化大容量发展

储能是构建新型电力系统在源、网、荷方面实现发用解耦的必备措施。大力发展储能是电力央企当前的重要赛道。

第一，依托技术经济优势推动抽水蓄能大发展。抽水蓄能是当前技术最成熟、适合规模化发展、经济合理、安全高效的储能方式，是未来 10 ~ 15 年的发展重点，大多数电力央企已经或正在大力布局。为实现抽水蓄能可持续高质量发展，电力央企应把握好两个重点环节：一是要正确辨识功能定位，关注选点布局。抽水蓄能电站总体上可分为服务电力系统和服务特定电源两个大类，国家发展改革委按照两个大类基本明确了其不同的价格形成机制。前者在电力系统总体调节，因此更接近负荷中心，有助于优化电网网架和潮流，开发成本通过电网予以疏导；后者配置在新能源资源富集区，从电源侧实现风光蓄互补调节，打捆送出，共同参与市场竞争。两者功能定位不同，导致项目组织方式不同、设计参数不同、投资回报渠道不同；更为重要的是，要杜绝功能定位与站点布局的错配，如果错配，不仅造成其效益无法发挥，甚至可能成为电网的负担。二是应重视项目优选。锚定“双碳”目标和新型电力系统建设，抽水蓄能中长期发展规划正在紧锣密鼓实施。受规划工作深度限制，目前项目库的站址建设条件参差不齐，切忌一哄而上。电力央企有必要按照预可行性研究和可行性研究的设计阶段划分，分步骤优选经济性好、生态环境不制约、地理位置优越、竞争力强的实施站点，分期分批实施。

■ 江苏溧阳抽水蓄能电站

第二，推动新型储能规模化大容量发展。新型储能尚处于不断探索创新阶段，在以科技创新推动降本增效的同时，应关注应用场景。新型储能的分布式发展主要适用于终端用户侧，形态分散、体量较小，但可积少成多，改善需求特性，强化需求侧响应和管理。伴生新能源基地式集约开发和快速发展要求，规模化的压缩空气储能、有安全保障的电化学储能集中式布局以及共享储能商业模式等将是供给侧新型储能高质量发展的基本路径。此外，储氢（氨）、储热（冷）等非电储能方式在突破技术瓶颈后，有望创造储能行业新业态。

（五）退煤与新能源发展和新型储能、智能电网建设同步推进

以“双碳”目标为导向的新型电力系统必然以新能源为电量支撑，以智能电网为系统载体，对储能进行灵活调节。

第一，实现新能源对煤电电量和煤耗的替代。2021 年全国煤电发电量约 5 万亿千瓦时，煤电装机容量近 11.1 亿千瓦，利用小时数为 4500 小时左右，仍主要发挥电量作用。未来一定时期内应积极推动煤电向基础保障性和系统调节性电源并重转型。电力央企拥有众多煤电资产，须把握新能源对煤电的替代趋势，在煤电周边新能源资源丰富、系统供需平衡的地区，率先推进风光火互补，实现新能源对煤电电量和煤耗的替代。

第二，实现新型储能对煤电的容量替代。根据相关预测，2030 年全国储能装机规模约 2 亿千瓦，2060 年储能规模近 10 亿千瓦，大力发展储能被认为是煤电容量替代的重要途

径。抽水蓄能的快速发展重点解决新能源成为增量主体的问题；受抽水蓄能资源条件限制，未来压缩空气、电化学储能等新型储能的安全、经济、规模化发展将成为存量煤电容量替代的主角，电力央企宜早做布局，有序推进。

第三，加强数字化智能电网建设。当前，煤电是电力系统安全稳定的“压舱石”，退煤意味着电网安全稳定的系统重构。电力央企需要充分应对新型电力系统面临的电力供应保障、系统平衡调节、安全稳定运行、电力成本高企等问题，通过数字化、智能化手段实现海量电力电子设备系统建模，利用人工智能、数字孪生等技术，增强系统仿真能力，建立与“双高”电力系统相适应的控制体系，实现从传统的以集中控制为主，发展为“集中＋分散”协调控制，体现出向主动配电网、直流配电网，多能互补、供需互动等模式的转变。

能源领域是实现碳达峰碳中和的主战场，电力央企责任重大、使命光荣、任务艰巨。碳达峰、碳中和决不是就碳论碳的事，而是一场广泛而深刻的经济社会系统性变革，面临的困难挑战前所未有。本文只是从局部做了一些思考，广度和深度均有不足，抛砖引玉，希望引起共鸣。

坚持“四个面向”
赋能科技成果转化
——中国水电科学技术发展成就览胜

王忠耀　赵全胜　喻葭临　武明鑫　岳　蕾

自中华人民共和国成立以来，发展水电一直是我国能源电力的重要战略方针，水电在电力工业中发挥了中流砥柱的作用。党的十八大以来，水电开发贯彻落实“创新、协调、绿色、开放、共享”新发展理念，继续保持高速发展态势，并迈进高质量发展新阶段：全国常规水电新增投产规模约1.26亿千瓦，抽水蓄能新增投产1606万千瓦。截至2022年6月底，我国水电装机总容量达4.0亿千瓦（其中抽水蓄能0.42亿千瓦），占全国发电装机容量的16.4%。水电工程在保障我国能源安全、防洪安全、生态安全、应对气候变化和节能减排等方面，发挥了不可替代的重要作用。

党的十八大以来，我们高度重视科技创新工作，坚持把创新作为引领发展的第一动力。党的十九大确立了到2035年跻身创新型国家前列的战略目标，党的十九届五中全会提出了坚持创新在我国现代化建设全局中的核心地位，把科技自立自强作为国家发展的战略支撑。广大水电科技工作者坚持“四个面向”，强化科技创新引领，以重大工程为依托，赋能科技成果转化，助力经济高质量发展，在标准、技术、设备、体系各方面取得全面进步，技术水平领先世界。

一　水电行业标准创新奠定基石

不断完善水电行业技术标准体系研究，建立了水电行业技术标准体系框架结构，形成了涉及规划、勘察、设计、施工、验收、运行、管理、维护、加固、拆除（或退役）等水电行业全生命周期技术标准体系共 1100 余项规范，适应了水电行业发展的新形势、新任务、新要求。党的十八大以来，针对我国水电行业技术标准“重建设、轻运维”的现状，加大了“建设、运维并重”相关标准研究。

中国水电技术标准“走出去”课题研究全面系统收集整理了中国承建国际水电工程项目的技术标准使用情况，系统总结了国内外技术标准在国际水电工程中的使用现状、成功经验和存在的问题，全面对比分析了中外技术标准在设置结构、内容、使用、管理等方面的主要差异，提出了“接轨国际、适应国情”的中国水电技术标准体系框架。通过研究，搭建了中国水电标准中英文查询平台，提出了我国水电技术标准国际化工作方案，加快系统推进水电行业技术标准英文版翻译出版工作，对中国水电技术标准“走出去”具有重要的指导意义。

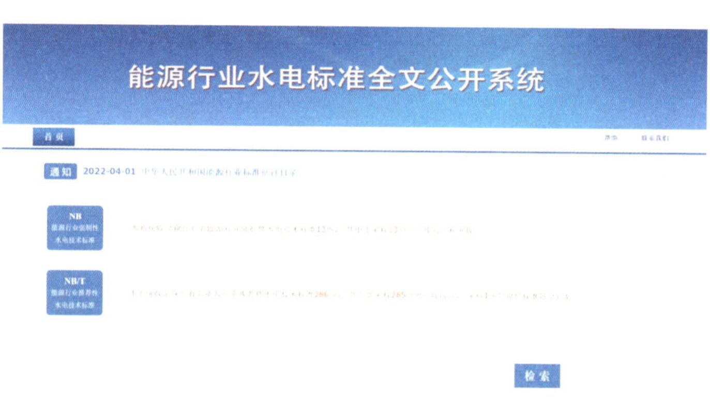

■ 中国水电标准中英文查询平台

党的十八大以来，在国家能源局的领导下，水电行业总结提炼建设经验，广泛凝聚行业力量，反复打磨修订了《混凝土拱坝设计规范》《混凝土面板堆石坝设计规范》《碾压式土石坝设计规范》《混凝土重力坝设计规范》《水电工程边坡设计规范》《水工隧洞设计规范》等一系列核心关键的设计规范，并制定了《抽水蓄能电站设计规范》《水库放空技术导则》《梯级水库群安全风险防控导则》等面向新时期新形势水电发展需要的技术标准，有力引领了水电技术高质量发展。

■ 2021 年三大坝型设计标准中英文版同时发布

二 水电领域技术创新领先世界

党的十八大以来，我国继续扎实推进金沙江白鹤滩、金沙江乌东德、雅砻江两河口、澜沧江黄登、大渡河猴子岩、大渡河双江口等国家重大水电工程建设。集中建成和新开工建设的这批巨型工程，标志着我国在300米级高混凝土拱坝、200米级高碾压混凝土重力坝、250米级高混凝土面板堆石坝、300米级高土心墙堆石坝、700米级高边坡加固处理技术、高水头大流量泄洪消能技术、巨型地下洞室群建设技术、深埋长隧洞设计建设技术、复杂地基处理技术等方面不断取得技术突破。

■ 锦屏一级水电站大坝

■ 两河口水电站大坝

（一）新型材料不断革新

堆石混凝土以自密实性能替代传统混凝土振捣（碾压）密实工艺，使用大量块石减少水泥用量，降低水化热温升，简化温控措施，综合单价降低，施工效率提高，目前已建在建的堆石混凝土坝 142 座。堆石混凝土坝不仅是中国坝工取得突破的标志性技术发明成果之一，也得到了国际上的广泛认可。胶凝砂砾石坝是融合了土石坝和混凝土坝优点的新坝型，实现了用当地材料在岩基、非岩基上筑坝漫顶不溃的突破。防渗新材料方面，我国研制的改性沥青混凝土面板抗低温技术，冻断温度平均值为 -46℃，在呼和浩特抽水蓄能电站水库得到成功应用。土工膜防渗技术也经过不断的改良创新，成功应用于老挝南欧江六级电站，复合土工膜面板堆石坝坝高 85 米，筑坝软岩比例高达 81%，获得了中国建设工程鲁班奖。

■ 呼和浩特蓄能沥青混凝土面板全库防渗技术

（二）新型工艺不断涌现

经过多年工程实践、运用与探索，在深厚覆盖层处理工艺方面取得了较大突破。在混凝土防渗墙方面，已初步解决深厚覆盖层内防渗墙成槽难、清孔难、浇筑易堵管等问题，防渗墙施工技术能力已达 200 米级深度范围。在振冲碎石桩方面，金沙江上游拉哇水电站围堰基础采用 SV70 碎石桩机 +

伸缩式导杆连接振冲器造孔制桩的施工工艺，成功完成最大加固深度为72米的振冲碎石桩的施工，某超深厚覆盖层工程坝基也已成功试桩深度约90米的振冲碎石桩。在超深钻孔方面，研发了孔口封闭装置、加重泥浆技术，采用孔口封闭装置与加重泥浆护壁钻孔工艺，形成一套深厚覆盖层涌水涌砂条件下钻孔技术，可在一定程度上实现带压或控压钻进，有效解决了高水头、动水条件下150米深覆盖层钻孔过程中的“涌水涌砂、塌孔不成孔、漏浆”等难题。

（三）新型设备自主引领

我国水电设备通过“引进再创新”，实现了跨越式发展，具备了自主研制大型水电机组的能力，混流式、轴流转桨式和灯泡贯流式水电机组的设计制造水平均已达到世界先进水平。伴随着抽水蓄能电站规模快速发展，设计、施工、设备制造能力不断提升，中国自主研发的抽水蓄能成套设备亦已达世界领先水平。世界上单机装机容量最大的白鹤滩水电站1000兆瓦水电机组，在机组设备研制、设计、制造、材料等领域推动了我国特大型水电设备设计制造技术的全面发展。依托西藏玉曲河扎拉水电站进行的500兆瓦冲击式水轮发电机组研制工作已通过国家能源局审批，正式列入“2021年度能源领域首台（套）重大技术装备项目名单”。阳江、敦化、长龙山三座700米级超高水头抽水蓄能机组成功投产，标志着我国完全实现了700米级超高水头抽水蓄能机组的自主研发和装备制造。广东梅州抽水蓄能电站成套开关设备首次实现国产化。在施工设备方面，超小转弯半径硬岩TBM（隧道掘进机）技术在文登抽水蓄能项目成功试点后，已成功推广应用于多个项目，并在平江抽水蓄能项目上实现了月均掘进超 500 米的佳绩；竖井 TBM、大断面小转弯半径 TBM、斜井 TBM 已在宁海、抚宁、洛宁等项目中顺利推进试点验证，极大提高了抽水蓄能地下工程施工的机械化、智能化和标准化水平。

■ 白鹤滩百万机组吊装

■ 文登号 TBM

（四）精尖技术攻克难题

依托国家重大工程建设，水电企业与科研院所开展了紧密联合攻关研究，攻克了一系列重大关键技术难题，形成了一批重大技术成果。“高坝动静力超载破损机理与安全评价方法”“高土石坝抗震设计理论研究与工程应用”“高坝泄洪消能防护和雾化安全技术与应用”“高混凝土面板堆石坝安全关键技术研究及工程应用”“超高心墙堆石坝关键技术及应用”“特大型水轮机控制系统关键技术、成套装备与产业化”“300米级溪洛渡拱坝智能化建设关键技术”“锦屏二级超深埋特大引水隧洞发电工程关键技术”等研究成果，均获得了国家科技进步奖。这些成果凝聚着中国大坝工程师和科技工作者的辛勤科研和刻苦攻关，不仅成就了我国一批巨型工程的成功建设，也推动了我国水电技术的全面进步。

■ 长江三峡枢纽工程（荣获国家科学技术进步奖特等奖）

三 数字化智能化技术创新助力发展

党的十八大以来，信息化、数字化、智能化技术更加广泛、深入应用于水电工程建设与运营各环节，对提高工程建设智能化水平、运行智慧化水平、管理精细化水平发挥了重要作用。

（一）信息化数字化技术形成更大发展合力

以 BIM（建筑信息模型）、大数据、云边协同为代表的新一代信息技术的不断融合与创新，极大地推动了水电工程的数字化转型。基于 BIM 的设计施工一体化取得积极进展，并在杨房沟、白鹤滩等开展了实质性应用，BIM 设计与施工已成新常态，基本形成了工程数字化的基础能力，有力支撑了工程数字生态和数字孪生工程的建设。智慧工地、智慧电厂等数字化管控手段得到广泛应用并持续改进，有效提升了现场管控效率和质量。以抽水蓄能电站群智能选点规划为代表的抽水蓄能全周期数字化智能化技术也已开展大量有益探索。

（二）智能建设技术创新方兴未艾

物料轨迹追踪管理系统可追踪建筑材料的采、运、储、用，实现建筑材料的实时监控管理。智能碾压技术已广泛应用于大型堆石坝和碾压混凝土坝的碾压控制，可实现按照预定碾压轨迹、碾压遍数进行监控和报警，显著提高大坝填筑质量，该项技术起步于糯扎渡工程，并在长河坝、双江口、两河口、猴子岩等工程中均有成功应用。无人驾驶智能碾压突破了高精度高鲁棒性循迹管理关键技术，在两河口实现了无人碾压机群的协同作业，已大规模应用于坝体填筑。智能温控技术已突破前端快速感知、全周期全域实时分析、全过程精确控制的技术难题，广泛应用于各类混凝土工程，并在白鹤滩、乌东德等项目实现全过程全环节智能管控。智能灌浆系统采用计算机控制自动配浆、自动调压，以数据中心为核心，能够自动处理启动、升压、变浆、结束灌浆，甚至能自动处理一些常见的异常情况，实现常态情况下的全自动灌浆，节省了人员投入，有效提高了灌浆效率及灌浆质量，已成功应用于乌东德、白鹤滩等工程，有效提升了灌浆过程管控效率。抽水蓄能电站积极推进全面机械化智能化施工，在设计理念、装备技术、施工配套技术、建设管理技术方面都取得新的突破和实践，TBM 智能掘进技术已成热点。另外，一些工程还采用信息管理系统，规范建设各方的行为，统一管理各项施工、验评工序。

■ 两河口智能碾压施工现场

四 水电流域系统创新展开新篇

党的十八大以来，我国水电开发程度过半，主要大江大河特别是中下游干流的水电开发基本完成，全国主要流域梯级水电站开发格局、库群联合调度运行管理机制初步形成，全面开展了流域水电综合监测，梯级调度运行管理水平和安全风险管控能力持续提升。梯级水库群的开发，发挥了发电、防洪、供水等综合效益，主要河流沿江交通得到系统性规划建设，加快了民族地区经济社会发展，实现企业、政府、社会的合作共赢。

金沙江、雅砻江、澜沧江、大渡河等大型流域均组建了梯级调度运行管理机构，利用物联网、大数据、云计算等数字技术，开发了气象预报、水情预报、需求预测、梯级发电出力自动匹配生态调度等功能的流域梯级智慧调度运行管理平台。

在工程健康检查和诊断方面，初步开展了物联智能感知设备与技术研发、深水与超长距离水下探测关键技术及设备研发、大坝安全鉴定及评价关键技术研究等工作。在水电工程升级改造方面，开展了水下修复、渗漏处理、缺陷处理、加固处理、水库淤积处理、机组维修、生态流量设施改造、监测自动化系统改造等工作。在高坝大库放空技术方面，提出了连续多级闸门联合挡水的新型放空系统及其自动化控制的创新技术。

国家973项目开展了“梯级水库群风险等级确定与风险设计”研究，并根据课题成果完成了流域安全相关行业标准的编制和发布。流域水电工程安全与应急管理技术体系逐步形成。智能监测预警系统、遥感识别技术的应用实现了“人机结合”决策模式与技术流程，为流域地质灾害防治提供了新的手段。成功处置了牛栏江红石岩堰塞湖、金沙江白格堰塞湖溃决风险，在流域堰塞湖溃决洪水计算、风险分析、应急抢险等方面积累了宝贵的实践经验，有效提升了我国流域梯级水电站库群风险防控的能力和水平。

五 展望

在“双碳”目标的指引下，依托成熟先进的技术水平、环境友好的绿色属性、灵活优质的电能输出，水电能源开发将成为构建新型电力系统、实现“碳达峰、碳中和”目标的重要支撑。抽水蓄能电站作为清洁环保、响应灵活的电力系统调节手段，在系统安全保障和促进新能源大规模发展方面重要作用日益凸显。新形势、新动向、新要求为水电高质量发展带来新的机遇和挑战。

水电行业科技创新将立足新发展阶段、贯彻新发展理念、构建新发展格局、推动高质量发展，坚持“四个面向”，应对水电开发面临的更为复杂的建设条件、更高的生态环境保护和社会公共安全要求，以及建设新型电力系统、大力提升系统调节能力的需求。在水电基地可再生能源协同开发运行技术、高地震烈度下超深厚覆盖层筑坝技术、大型抽水蓄能变速机组设备、水电数字化智能化技术等方面继续加强前沿探索和技术攻关，为推动能源技术革命，构建清洁低碳、安全高效的能源体系提供坚强保障。

生态优先绿色发展的水电实践

——党的十八大以来水电绿色发展成就与展望

顾洪宾　薛联芳　宋晓彦

改革开放以来我国水电得到长足发展，在水电建设过程中十分重视生态环境保护工作，特别是党的十八大以来，水电行业深入学习领会习近平生态文明思想，贯彻落实“生态优先，绿色发展”的理念，统筹发展与保护，坚持可持续发展，水电开发的生态保护理念、技术得到深化，基本建立了水电环境保护标准体系，不断创新环境影响评价理论与方法，持续推进绿色水电技术，保护和修复河流生态，探索开展流域综合监测，促进水电环保高质量发展。

一 基本建立了水电环境保护标准体系

早在20世纪80年代水电工程环境保护工作起步阶段，我国就十分重视水电环境保护标准建设，颁布了《水利水电工程环境影响评价规范》《水利水电工程环境保护设计规范》等重要标准；进入2000年以后，颁布了《环境影响评价技术导则　水利水电工程》《水电工程预可行性研究报告编制规程》《水电工程可行性研究报告编制规程》等标准，对环境保护和水土保持设计内容进行了规定。

党的十八大以来，水电行业环境保护标准建设得到了跨越式发展。2012年，根据国家能源局总体安排，成立了能源行业水电规划水库环保标准化技术委员会，负责相关标准的立项、审查、日常管理工作。在既有环境保护标准工作的基础上，提出了水电工程环境保护标准体系。按照新形势下环境保护新要求，安排了60多项水电环境保护标准的编制工作。目前已经由国家能源局发布了40多项水电环保标准，基本形成了符合国家相关标准，与环境保护、水利行业标准相协调，针对水电规划设计、工程施工、竣工验收、运行维护、工程退役等各阶段，涵盖水环境、水生生态、陆生生态、水土保持等各个领域的标准体系，实现了水电行业环境保护标准体系的系统化、层次化，为水电环境保护工作的科学化、规范化提供了依据和支撑。

二　不断创新环境影响评价，协调发展与保护的矛盾

经过多年的发展，水电行业逐步建立了规划环境影响评价、项目环境影响评价、环境影响后评价等各阶段的技术方法体系，形成了协调流域水电开发与生态保护的技术体系。

党的十八大以来，水电行业积极推动水电规划环境影响工作，不断创新和完善规划环境影响评价方法，提出了资源开发方案的概念，通过综合比选环境影响、水库淹没、建设条件及电力需求等因素，将水电规划项目分为近期实施、深入研究后实施和暂不实施三个层次，对规范水电开发时序、控制水电开发强度起到了重要作用。重点完成了澜沧江、金沙江、黄河上游河段（湖口至尔多、茨哈峡至羊曲）及其他河流的水电开发规划环评，从流域层面对梯级布局、开发时序、装机规模、开发方式以及环境保护工作进行了统

筹优化和协调，统筹干、支流开发与保护，最大程度地保护生态环境，如栖息地的保护、自然保护区的避让等，从源头上尽可能减缓生态影响的程度和范围，支撑流域绿色发展。

经过40多年的发展，水电工程环境影响评价技术方法和内容日趋完善，项目环境影响及对策措施方面得到了深化和落实。党的十八大以来，系统开展了流域梯级水电建设的生态环境累积影响研究，深化了拦河筑坝建库带来上下游水文情势、水质、水温等变化及其生态效应的研究，强化了大坝阻隔对鱼类等水生生物的影响和水库淹没对陆生动植物的影响的研究。

为了促进运营期的生态环境保护工作，2012年，原环境保护部组织开展了“环境影响后评价支持技术与制度建设研究”，对水利水电等生态类建设项目环境影响后评价的政策与制度、管理办法、技术方法、技术导则框架进行了探索研究，颁布了《建设项目环境影响后评价管理办法》和《建设项目（水利水电）环境影响后评价技术导则》。之后重点开展了澜沧江、乌江、雅砻江、大渡河、汉江、黄河上游、北盘江、元江（红河）、红水河等主要河流水电开发环境影响回顾性评价。针对公众关注的引水式水电开发的环境影响，重点开展了瓦斯河、火溪河、宝兴河等河流水电开发的回顾性评价工作。选择丰满、小浪底、葛洲坝、龙滩等典型工程开展了项目环境影响后评价工作。通过环境影响回顾性评价或后评价，分析了水电工程实际造成的环境影响，完善了针对工程和流域的环境保护工作要求。

三 持续推进绿色水电技术，保护和修复河流生态

党的十八大以来，水电环境保护以习近平生态文明思想为指导，践行生态优先绿色发展的理念，在水电工程建设中落实“三同时”制度，环境保护措施与主体工程同时设计、同时建设、同时投产使用。在工程实践中，生态流量下泄、生态调度、鱼类栖息地保护、河流连通性恢复、鱼类增殖放流以及高坝大库低温水减缓等措施已逐步成为水电工程不可缺少的环境保护措施，对集运鱼系统、升鱼机以及“鱼道＋升鱼机”等过鱼型式也进行了技术研究和实践。

水电站鱼道之一

■ 丰满永庆鱼道

针对工程建设中遇到的水生态保护问题，国家“十二五”科技支撑计划开展了“重大水利水电工程生态保护技术及标准规范研究”，支撑了我国水电工程生态环境保护技术快速发展，在河流生态流量保障和调控、水温影响减缓、过鱼、鱼类增殖放流、鱼类栖息地保护等生态保护和修复技术方面取得长足进步，并广泛应用到我国水电工程建设与运行过程中。

■ 苏洼龙水电站升鱼机与集运鱼系统

长江三峡中华鲟增殖放流

在河流生态流量调控技术上，基本形成了涵盖生态流量泄放设施设置和运行、生态调度以及生态流量在线监控方面的技术体系。低温水影响减缓措施的型式和技术选择从原来主要集中在叠梁门分层取水技术，发展到叠梁门、前置挡墙、隔水幕墙等均成为减缓措施的合理、有效选择。在过鱼技术上，通过对工程实践的技术创新和总结，提出了水电工程过鱼设施设计规范，形成了鱼道、仿自然通道、鱼闸、集运鱼系统以及升鱼机等多种过鱼型式的技术研究和实践。在鱼类增殖放流技术上，基本形成了鱼类增殖放流站规划设计、建造、设备设施生产、运行以及放流效果监测评估的技术体系。在鱼类栖息地保护及修复技术上，通过栖息地受损前后生境适宜性模型模拟，使生境保护及修复提升到定量评估阶段，并应用于生态保护与生境修复实践中。

■ 丰满水电站集运鱼系统

■ 多布水电站鱼道过鱼效果监测评估

■ 大渡河上游鱼类栖息地生境保护区

通过每个电站、每项措施的落实，金沙江、雅砻江、大渡河、红水河、黄河、乌江、雅鲁藏布江等水电能源基地得到了有效的生态保护与修复，有效地减缓了水电工程的生态环境影响。以澜沧江为例，流域水电开发中同步实施了分层取水、鱼类栖息地保护（自然保护区、种质资源保护区）、增殖放流、过鱼（网捕过坝、升鱼机、集运鱼系统等）、人工鱼巢（模拟产卵场）等多种生态保护和修复措施。其中，在糯扎渡、黄登电站建成叠梁门分层取水设施，提高电站下泄水温，减少对鱼类产卵的影响；在国内率先开展了支流栖息地保护工作，拆除苗尾电站库区支流基独河已建电站，恢复天然河道，设置水产种质资源保护区；在黄登电站库区支流德庆河实施鱼类栖息地保护，在功果桥、龙开口建设了人工鱼巢，在乌弄龙、大华桥营造了鱼类栖息地保护区，在乌弄龙、里底、功果桥、糯扎渡、龙开口开展了网捕过坝，有效保护流域鱼类资源；在糯扎渡、功果桥、黄登等电站建成鱼类增殖放流站，实现巨魾、澜沧裂腹鱼、后背鲈鲤及其他共 11 种鱼类的人工增殖放流，截至 2021 年底已放流人工增殖土著鱼类约 740 万尾；深入开展乌弄龙、黄登、大华桥升鱼机科研设计工作，精心施工，目前 3 个电站的升鱼机先后建成投运，为国内高坝过鱼提供了工程实践经验。此外，在西藏多座电站建设了鱼道，开展了鱼道过鱼监测和适应性管理研究，从监测结果来看，鱼道过鱼效果良好。

■ 建设中的糯扎渡水电站分层取水口

■ 黄登水电站升鱼机

■ 糯扎渡鱼类增殖站

■ 糯扎渡鱼类增殖放流现场

针对“四大家鱼”自然繁殖需求，2012—2016年，三峡水电站连续多年开展了促进“四大家鱼”繁殖的生态调度试验；2017年5月，同步实施了溪洛渡、向家坝、三峡水电站联合生态调度试验；2018年，三峡水电站分别于5月、6月实施了两次生态调度试验，溪洛渡和向家坝水电站于5月实施联合生态调度；2019年5月，继续开展溪洛渡、向家坝、三峡水电梯级联合生态调度试验。历年生态调度期间向家坝下游和葛洲坝下游江段均监测到鱼类繁殖响应现象。在连续多年生态调度以及渔业资源保护等管控措施下，“四大家鱼”产卵量呈现逐年上升趋势，其中葛洲坝下游宜都江段“四大家鱼”产卵量从2012年的0.25亿颗增加到2019年的30亿颗。

■ 三峡水库生态调度“四大家鱼”监测

四 探索开展流域综合监测，促进水电环保高质量发展

根据国家发展和改革委员会《关于加强流域水电管理有关问题的通知》（发改能源〔2016〕280号）的要求和国家能源局、生态环境部的委托，成立了流域水电综合监测中心，

2017 年 7 月全面启动流域水电综合监测工作。截至 2021 年 12 月底，已启动 450 座大中型常规水电站数据的对接工作，完成 436 座水电站运行在线监测数据的接入工作，总装机容量 2.47 亿千瓦，占常规水电装机容量的 69%；基本完成全国 30 万千瓦装机以上常规水电站的数据接入。从监测水电站分布和装机占比来看，已基本实现全国主要流域和水电主要省（自治区、直辖市）的全面覆盖。

■ 流域水电综合监测信息管理平台

同时，建立了与国家防汛指挥系统连接的数据专线，接入了我国 4000 余座主要水库或断面的水文数据；通过气象专线实现全国 5 千兆 / 小时格点化降水、气温、相对湿度、风速等实时数据的接入，初步具备水情和水能利用预警预报功能。为服务好政府相关部门和水电企业，流域水电综合监测中心定期向国家能源局和相关省（自治区、直辖市）能源局、电站业主报送旬报、月报、年报，不定期向国家能源局报送专题报告。

根据生态环境部和相关文件的要求，积极开展水电水利建设项目全过程环境管理信息平台建设、数据接入等工作。目前，平台开发工作已完成，实现了用户访问权限分级、原始资料查询及调取、项目事中事后监管、流域环境监测及运行异常告警与部分数据自动分析等功能。在数据接入技术上，基于流媒体、物联网等信息技术，建立了一套安全、先进、稳定的水电水利工程数据采集工具，能快速打通水电工程运行调度和生态环境数据监测、传输、存储、分析、应用、管理的业务链，解决了多源异构、点对多数据采集问题。目前已经接入部分电站生态环境监测数据，完成了黄河上游梯级水电站和丰满水电站的试点应用，实现对水电站环评批复落实情况、环保设施运行情况、环境质量数据、环保设施运行数据、调度运行数据、水生陆生调查数据的全过程监测管理。

■ 水电水利建设项目全过程环境管理信息平台

五 展望

经过40多年的发展，我国水电建设取得了巨大成就。随着大型水电基地建设格局逐步形成，剩余未开发的水电资源主要集中在青藏高原及其边缘地带，该区域生态环境较为敏感，水电开发更需要坚持生态优先、绿色发展，加强水电规划环境影响评价，做好与生态保护红线划定的对接，与全国主体功能区规划、城乡建设规划、土地利用总体规划、生态功能区划、水资源综合规划、环境保护规划等相关专业规划及不同种类、不同层次保护区的衔接与协调，处理好保护与开发的关系。在水电开发建设中，始终坚持保护效果导向，落实生态环境保护措施，加强分层取水、生态流量泄放、水质保护、鱼类增殖放流、过鱼、鱼类栖息地保护、动植物保护等保护效果监测评估，提升保护效果。结合长江、黄河等流域大保护，开展重点区域生态修复，系统开展水电能源基地多目标调度研究，开展生态流量科学泄放研究。加大生物重要栖息地保护力度，实施水生生物产卵场、索饵场、越冬场和洄游通道等关键生境保护修复工程。着力开展水电水利工程生态环境保护全过程监测，利用信息化技术，提升流域或水电工程全过程环境监测管理水平。充分利用生态环境全过程监测成果，根据《可持续水电评价导则》要求，开展可持续水电评价，促进水电开发与生态保护协调发展。结合现场监测数据，分析环境保护措施实施效果，提出环境保护措施适应性改进意见和建议，不断提高水电生态环境保护措施的有效性。

十年艰辛　千淘万漉

——党的十八大以来水电移民工作不断取得新成就

龚和平　黄　谨　李湘峰　刘玉颖　彭幼平

党的十八大以来，中国特色社会主义进入新时代，党和国家经历了极不平凡的发展进程。面对错综复杂的局面和挑战，以习近平同志为核心的党中央团结带领全党全国各族人民，高举中国特色社会主义伟大旗帜，全面贯彻新发展理念，加快构建新发展格局，正式宣布全面建成小康社会，实现第一个百年奋斗目标，党和国家各项事业取得了新的重大成就，带来了历史性影响，产生了时代性意义。这十年，水电事业顺势而为，蓬勃发展，锦屏一级、锦屏二级、向家坝、溪洛渡、乌东德、白鹤滩、长龙山、丰宁等一批具有世界先进水平的水电工程先后建成，中国达到了勘测设计、施工建造、设备制造、建设管理、工程运营等水电全产业链世界先进水平，特别是习近平同志对乌东德水电站于2020年6月29日首批机组正式投产发电作出重要指示，对在建规模全球第一、单机容量世界第一、装机规模全球第二大水电站金沙江白鹤滩水电站首批机组于2021年6月28日正式投产发电发来贺信，表示热烈的祝贺，更是对水电发展的充分肯定。这十年，水电移民工作始终坚持党的领导，坚持人民至上，不忘初心、牢记使命，坚持落实以人民为中心的发展思想，坚持完整、准确、全面贯彻新发展理念，政策法规更加完善，体制机制更加健全，宣传发动更加深入，群众工作更加细致，移民安置更加和谐稳定。这十年，移民安置成果丰硕，移民搬迁平稳有序，移民生活水平稳步提升，移民安置基础设施配套完善，学校医院达标建设，库区城乡面貌焕然一新，移民通过搬迁安置实现了跨越式发展。移民及时搬迁和妥善安置，为水电工程顺利建设和按期蓄水发电提供了有利条件和基础保障。

一 移民安置政策法规体系逐步完善

十年来，随着国家经济社会持续发展，相关部门及时总结水电移民工作经验教训，建立了水电移民政策法规和标准体系框架，及时修订完善法规、政策和标准。《大中型水利水电工程建设征地补偿和移民安置条例》经2013年7月18日第一次修订、2013年12月7日第二次修订、2017年4月14日第三次修订，并由国务院以第679号令公布实施。该条例的及时修订和发布，为水电移民安置工作提供了法律保障。

国家发展改革委于2012年以发改能源〔2012〕293号印发了《国家发展改革委关于做好水电工程先移民后建设有关工作的通知》，要求始终把移民工作作为水电工程的重要组成部分，把做好移民工作放在优先位置，根据经批准的移民安置规划统筹协调好工程建设进度和移民工作进度，切实保障移民群众合法权益，实现在做好移民安置的前提下积极发展水电的目标。2016年，国土资源部联合国家发展改革委、水利部、国家能源局以国土资规〔2016〕1号印发了《关于加大用地政策支持力度促进大中型水利水电工程建设的意见》，在加强部门协同、保障水利水电工程建设用地需求，适应水利水电工程用地特点、改进用地报批工作，做好水利水电建设征地补偿安置、维护被征地农民权益，实行先行用地政策、确保水利水电工程及时开工建设等方面出台了支持水电水利工程建设和规范征地移民的政策。2019 年，国家发展改革委联合国家能源局、财政部、人力资源和社会保障部、自然资源部、国家宗教局以发改能源规〔2019〕439 号出台了《关于做好水电开发利益共享工作的指导意见》，要求坚持水电开发促进地方经济社会发展和移民脱贫致富方针，充分发挥水电资源优势，进一步强化生态环境保护，加强体制机制创新，完善水电开发征地补偿安置政策、推进库区经济社会发展、健全收益分配制度、发挥流域水电综合效益，建立健全移民、地方、企业共享水电开发利益的长效机制，构筑水电开发共建、共享、共赢的新局面，增强库区发展动力，维护库区社会和谐稳定、人民安居乐业，稳步推进共同富裕。这些政策文件的出台，及时解决了水电移民安置实施中的政策“瓶颈”问题。

2017 年，水电水利规划设计总院发布《水电行业技术标准体系表（2017 年版）》，是我国首次发布覆盖水电工程建设全生命周期的技术标准体系，包括通用及基础标准（T）、规划及设计（A）、建造调试及验收（C）、运行维护（D）、退役（E）等各阶段，其中移民技术标准 28 项；2020 年后，根据形势进一步调整为 27 项。2022 年又启动制订抽水蓄能电站技术标准体系。截至 2022 年 1 月底，已颁布移民安置技术标准 19 项。

二 移民妥善安置，不断为大国重器保驾护航

水电工程项目核准前，必须开展移民安置规划。移民安置规划应广泛听取移民和移民安置区居民的意见，并按照审批权限经省、自治区、直辖市人民政府移民管理机构或者国务院移民管理机构审核后，与可行性研究报告或者项目申请报告一并审批或者核准。工程开工后，必须统筹工程建设和移民搬迁安置的关系，移民不迁离库区，水库就不可能蓄水，电站就不可能发电。因此，做好移民安置规划，是电站核准的前提条件之一；做好移民搬迁安置工作，是电站能蓄水发电的前提条件之一。十年来，一座一座世界顶级水平的水电工程成功开工建设和陆续建成，与移民工作提供的保障密不可分。

2014 年是党的十八大后水电大丰收的一年，三座世界级水电工程先后全面投产。6 月，当时世界第三大、中国第二大水电站（被后来建设的白鹤滩水电站超过）溪洛渡水电站全面投产。溪洛渡水电站的 300 米级高拱坝、基本烈度为Ⅷ度的高地震烈度、接近 50 米 / 秒的高速水流、最大泄量约 50000 米^3/ 秒的大流量、顶拱跨度超 30 米的大地下厂房、单机容量 700 万千瓦的大型机组均是世界先进水平。7 月，安装中国完全自主知识产权、世界首台单机容量 80 万千瓦水轮发电机组的向家坝水电站全面投产。向家坝水电站还创造了沉井群、单体升船机、消力池、砂石骨料输送带多项世界纪

录，至上海的 ±800 千伏直流特高压国产化示范工程是世界输送电压等级最高、最先进的电力系统之一。11 月，拥有世界最高拱坝和世界最大规模水工隧洞群的四川省巨型水电站锦屏水电站全面建成投产。这三座水电站都是国之重器。这三座水电工程和此后核准建设的白鹤滩、乌东德水电站均位于乌蒙山集中连片特殊困难地区，贫困程度深，库周安置条件差，三座水电站征地移民规模大（向家坝水电站 12 万移民、溪洛渡水电站 6 万移民、锦屏水电站 1 万移民），而且向家坝、溪洛渡两座水电站还是四川、云南两省的界河电站，加之移民安置和扶贫攻坚交织，各方利益诉求问题突出，移民安置工作情况复杂；但这三座水电站移民都顺利在计划蓄水时间前完成搬迁安置，为三座水电站蓄水发电创造了条件，为国之重器顺利投运保驾护航。

■ 白鹤滩水电站复建华弹集镇

拍摄者：中国电建集团华东勘测设计研究院　陈建明

■ 白鹤滩水电站复建小黑水河特大桥

拍摄者：中国电建集团华东勘测设计研究院　陈建明

2020 年 6 月，党的十八大以来我国开工建设并投产的首个千万千瓦级巨型水电站乌东德水电站首批机组发电，习近平总书记作出重要指示。乌东德水电站创造了世界最薄 300 米级双曲拱坝等八项"世界第一"。在建规模全球第一、单机容量世界第一、装机规模全球第二大水电站白鹤滩水电站首批机组投产发电，习近平总书记致信祝贺。白鹤滩水电站的勘测设计、施工建造、装备制造，进一步刷新了世界水平。乌东德水电站 3 万多人的移民安置规划历经 5 年才达成共识，白鹤滩水电站 10 余万人的移民安置更是在近 20 年的前期研究和 6 年之久的移民安置规划基础上才得以完成，两座水电站及时完成移民安置规划审查审核，为项目核准开工建设创造了基础条件。两座水电站移民安置实施，与脱贫攻坚深度扶贫、全面建成小康社会交织，移民都在蓄水前全面完成搬迁安置，为电站蓄水发电提供了保障。

乌东德水电站江边集镇

拍摄者：中国长江三峡集团公司 吕邦华

这十年，我国水电维持高速发展态势，40余座大型水电工程完成建设，完成了约58万人的搬迁。截至2022年5月，我国水电发电总装机3.96亿千瓦，预计2022年底实现全部机组投产的白鹤滩水电站将成为突破4亿千瓦的重要里程碑。中国电力建设集团丁焰章董事长在《学习时报》署名文章中提到："坚持以人民为中心是水电事业发展的初心使命。水电工程是人民智慧的结晶、人民共建的成就，是几代人传承、几十万人建设、几百万人搬迁的人民壮举。水电建设不仅依靠人民，更造福人民。党的十八大以来，我国水电行业成为如期打赢脱贫攻坚战的重要力量。此外，建设征地移民安置取得良好成效，水电开发建设为推动地方经济社会发展、增强地方财政实力、助力乡村振兴、提升基础设施水平、改善民生等发挥了重要作用。”

这十年，水电开发“重工程轻移民”的倾向逐步扭转，逐步树立了“始终把移民工作作为水电工程的重要组成部分，把做好移民工作放在优先位置，根据经批准的移民安置规划统筹协调好工程建设进度和移民工作进度，切实保障移民群众合法权益，实现在做好移民安置的前提下积极发展水电的目标”的先移民后建设水电开发理念。这十年，没有出现因为移民搬迁安置导致工程不能蓄水发电的情况，确保了一个又一个世界水平水电工程建成投产发挥效益，确保了中国水电的装机规模和勘测设计、装备制造、工程建造、运行调度、维护管理水平继续保持世界领先。

三　移民安置实施成效越来越好

党的十八大明确提出在中国共产党成立一百年时全面建成小康社会。水电工程大多位于高山峡谷地区，这些地区也是经济社会欠发达地区。水电是当地的重要发展资源和载体，是当地群众脱贫致富的希望。通过水电工程建设和移民安置，带动当地经济社会发展、促进移民脱贫致富，是水电开发贯彻落实党的十八大精神的体现和行动。2013 年 3 月，在核准澜沧江里底水电站时，明确将“促进‘西电东送’和西部大开发，加快民族地区经济和社会发展”作为开发任务之一。

此后，水电开发的任务就增加了“促进地方经济社会发展和移民脱贫致富”，移民安置也将移民脱贫作为目标。

这十年，水电工程对外交通和库区公路复建由满足枢纽工程建设和迁复建要求，逐步发展到结合地方发展规划并兼顾地方经济社会发展需要，做到一次规划，与地方投资拼盘建设，提高资金使用效率，显著改善了当地交通条件。比如，结合对外交通和库区公路复改建，沿澜沧江修建一条二级公路，便利了工程建设，提升了复建公路质量，也为沿江群众脱贫致富创造了条件。再如，白鹤滩水电站库区巧家县利用淹没的巧蒙二级公路补偿资金加上自筹资金、市场运作，建成了巧家至东川高速公路、巧蒙四级公路。又如，雅砻江两河口水电站库区干线公路按同等级高标准建设，并增加路面铺装。据统计，党的十八大以来建成投产的大型水电工程库区复建公路里程达 2150 公里。

这十年，移民安置标准不断提高。集中安置居民点场地平整增加超深基础处理补助，水、电入户率达到 100%，对外交通均满足通车条件，路面硬化，农村居民点内部道路从主干道硬化到主要道路硬化，城市集镇场内强弱电从架空到主干道地埋，幼儿园、村委会、文化室等从预留用地到增加适当补助，义务教育学校、卫生防疫设施达标建设，大型安置居民点配置广场，居住区文教卫设施更加配套，移民生活环境更宜居，移民获得感增强。

这十年，库区迁建城乡面貌显著优化。移民安置结合美丽乡村、新型城镇化、乡村振兴，不断为库区迁复建注入新活力，迁建城市、集镇、农村居民点规划布局、基础设施配置、对外交通越来越好。据统计，党的十八大以来投产的大型水电工程，完成整体迁建两座县城、84 座集镇，还有 4 个城市局部受影响采取防护等措施。向家坝四座水电站库区淹没的绥江、屏山两县城迁建后，旧貌换新颜；当地老百姓自豪地说，能新建县城是天赐良机，新建的县城能保持至少 50 年不落伍。白鹤滩水电站库区巧家县城局部受淹，结合防护在县城周边安置移民约 4 万人，三峡集团和云南省政府协商，决定结合移民搬迁安置建设巧家新型特色旅游城镇。如今移民安置区已建成，一座座高楼大厦平地起，与老城区形成鲜明对照。入住县城高楼的移民自豪地说，安置区比老县城要先进百年，搬迁简直就是改天换地，他们都幸福满满，动迁时无一拒迁。迁建的 84 个集镇，犹如珍珠一样散落在库周，移民都住进了别墅一样的房屋，搬迁后一步脱贫实现小康。

■ 绥江新县城

拍摄者：水电水利规划设计总院　文良友

■ 陕西镇安抽水蓄能电站移民安置点

拍摄者：国网新源公司　潘菊芳

这十年，移民安置越来越稳妥。生产安置政策不断探索，率先在向家坝水电站探索逐年货币补偿安置方式，通过逐年补偿不仅保障了移民托底收益、解决了移民的长远生计，还解放了移民劳动力，提高了移民生产生活水平。这十年，移民合法权益不断得以保障。运用法律手段，通过签订移民安置协议的方式切实维护了移民合法权益和利益，有 90% 以上的移民自愿与地方人民政府签订移民安置协议，仅白鹤滩水电站就达到了 95% 以上，这从侧面反映了移民对安置的满意情况。这十年，通过采取多种方式和手段，极大地保障了移民平稳过渡。如金沙江下游四座电站在部分移民搬迁条件尚不完全具备、基础设施配套建设尚未完全运行的条件下，通过采取三保措施，即保居住、保水电路通、保就学就医，并给予移民一定补助，提高了移民满意度和自愿搬迁的积极性；

同时，水电总院创造性提出并商各方同意建立三峡集团公司、县级政府、主体设计单位、综合监理单位四方现场签证机制，在现场针对移民工程抢工期、移民搬迁抢进度出现的工程损毁、工程量增加、赶工、临时保通措施等进行现场签证确认，纳入移民估算，第一时间处理好了现场问题，确保了四座水电站按期蓄水。中国藏区综合规模最大的水电站工程——四川省两河口水电站更是在移民安置过程中创造了多项“零”纪录：7000 多藏族同胞提前一年完成搬迁安置，未有一户搬迁过渡、未有一户强拆、未有一户上访、未发生过一件群体性事件。自党的十八大以来，移民安置区社会稳定有序，水电移民没有出现恶性群体性事件，未发生有不良影响的群体性事件。

■ 两河口复建桑珠寺

拍摄者：雅砻江公司两河口建设管理局　王小锋

■ 两河口移民新建房屋

拍摄者：成都院　刘建

这十年，正视并解决了一批水电站移民遗留问题。注重减少存量、控制增量，通过解决好老水库移民问题，从源头上杜绝因老问题衍生新问题，并对目前在建项目中的问题进行清理和处理，防止新问题再次成为老问题。通过遗留问题处理专题报告或借鉴精准扶贫工作经验推行台账管理制度，建立项目清单制、责任制，较好地解决了如岩滩、龙滩、大渡河瀑布沟、乌江洪家渡、索风营、引子渡等一批已建项目历史长期积累的深层次遗留问题。同时，针对困扰各方的移民竣工验收难题，党的十八大以来，水电水利规划设计总院采取通过移民安置竣工验收促进解决遗留问题、通过解决遗留问题促进移民安置竣工验收的思路和方法，主动担当作为，推动了澜沧江苗尾、功果桥、景洪，雅砻江官地、桐子林，北盘江董箐等多座水电站移民安置竣工验收工作，金沙江中游移民安置竣工验收工作也正在紧锣密鼓地开展。遗留问题的处理不仅消除了老水库移民问题带来的社会稳定隐患，化解了老水库移民生产生活面临的实际问题与矛盾，还着力改善了移民群众生产生活条件、促进了移民安置遗留问题处理与脱贫攻坚工作齐头并进，最终实现同步建成小康社会的发展目标；同时也免除了新项目移民的后顾之忧，提高了移民对政府公信力的认可及信任感，促进了新项目的移民工作和电站顺利建设。

四　移民管理更加高效

这十年，移民管理体制逐步理顺。有水电工程移民安置任务的地方政府均逐步建立完善了移民管理机构。移民安置工作管理体制经“政府领导、分级负责、县为基础、项目法人参与”的实践，逐步调整为“中央统筹、省负总责、县为基础、项目法人参与”，市县人民政府进一步明确为移民工作的责任主体、实施主体、工作主体，责任更加明晰。为推动金沙江上游水电开发，国家能源局建立了协调机制，对包括移民政策措施、工程建设方案等进行协调，推动金沙江上游水电有序开发。为解决金沙江下游水电移民问题，国家能源局建立了移民工作协调机制，协调推进溪洛渡、向家坝两电站移民安置实施工作，协调推进白鹤滩、乌东德两电站移民前期和实施工作，有效地推动了向家坝、溪洛渡、白鹤滩、乌东德水电站移民妥善安置，为四电站顺利建设运行提供了条件。

这十年，移民安置技术工作责任体系进一步理顺。党的十八大以来，为进一步明确移民安置的技术责任，通过总结瀑布沟、龙滩、向家坝等水电工程移民工作的经验教训，探索建立了水电工程主体设计单位技术责任制。主体设计单位对所承担规划设计的水电工程移民安置规划大纲、移民安置规划、设计变更、实施阶段综合设计等负技术总体责任，各移民单项工程的勘测设计单位对主体设计单位负责。水电总院承担移民安置勘察规划设计全过程技术成果咨询评审审查，对审查成果负技术决策责任，并协助和配合国务院投资、能源主管部门对全国水电移民的技术工作进行统筹管理；对需要协调的重大问题研究提出意见和建议，负责对水电移民技术标准进行制订和管理。

这十年，移民安置实施工作管理制度进一步完善。一是资金管理制度得到加强。建立了经批准移民安置规划的建设征地移民安置补偿费用概算项目台账，根据移民安置实施进度编制并实施资金使用计划的资金管理制度，做到“资金跟着计划走，计划跟着项目走，项目跟着规划走”。二是探索试点移民工程推行总承包、代建管理建设制度。为扎实推进移民安置实施工作，解决实施过程中地方政府缺乏工程项目管理和工程技术经验不足等问题，贵州省从2011年起在全省探索推行“地方政府管民生、项目业主管工程”的水电移民工程总承包、代建制度，其后在金沙江下游、中游，澜沧江、雅砻江和大渡河流域也普遍采纳该建设管理模式，确保了移民工程建设进度、建设质量，有效控制了投资，为推进移民搬迁安置创造了条件。三是全面推行移民综合监理和独立评估制度。通过对安置实施过程中的移民搬迁进度、移民安置质量、移民资金的拨付和使用情况等进行综合监理，以及对移民安置后的移民生活水平，建设征地涉及区域经济发展状况恢复效果、效能和效率进行独立评估，确保移民安置尽量按照经批准的移民安置规划予以实施，实现规划目标。四是建立了社会稳定评估制度。在项目核准前，由项目法人、地方政府共同对项目区进行项目建设和移民安置的社会稳定风险评估，识别出风险源和主要社会风险，并对风险损失进行预测和判断，共同决定项目是否成立。在水电工程建设和移民安置实施过程中，对风险评估提出的重要风险源加强管理，地方政府对风险评估确定的重点区域、重点人群，安排专人联系管理，发现风险苗头及时干预和疏导，防微杜渐。五是探索建立了水库新增影响区群策群防制度。为解决电站蓄水后库水位反复升降变动、库岸再造，可能会威胁部分库周居民生命财产安全以及基础设施安全运行问题，在金沙江下游四座水电站建立了责任落实、分类指导、预防为主、安全第一、及时响应、统筹规划、妥善处置的水库影响区群策群防制度，充分发挥各方作用，做到库周两岸以及各部门间沟通渠道畅通、监测信息共享，确保险情及时发现、及时预警、及时应对、及时处理，保障了居民生命财产安全。

这十年，移民工作推进更加平稳有序。地方政府不断压实主体责任，移民干部包片包村包户、开展对口帮扶，工作重心前移至村、下沉至移民点，每个移民点都设有工作办公室，安排专人现场协调，第一时间发现问题，第一时间解决，不断加强库区社会稳定监控。通过制作“纸质宣传手册”“宣传标语”等多种形式及时做好移民政策的宣传和解读，加大信息公开力度，做到公开透明，保障了移民群众的知情权。制定合理的搬迁激励措施，充分调动了移民搬迁的积极性。管理手段和管理水平的不断提升，化解矛盾于萌芽，妥善解决了问题，赢得了移民群众的信赖与支持。

五　开始向世界传递中国水电移民经验

十年来，我国水电移民注重国际交流和合作，向世界传递中国经验。这十年来，中国可再生能源国际合作不断加深，在与东盟、阿盟、非盟等地区开展的双边、多边合作中，中国分享了水电开发中可持续发展的探索经历经验和水电移民成功案例，中国水电移民经验逐渐引起各方关注。借助澜沧江—湄公河流域合作机制等，向合作国家传递了中国水电成就，展示了中国水电建设成果，介绍了中国水电移民政策框架和主要政策。

这十年，我们高度重视移民经验研究，注重汲取国际经验。我们积极组织参与国际大坝委员会水库移民专委会会议，与不列颠哥伦比亚大学等开展了深度研讨，还先后赴非洲、南美洲、东南亚等地开展了调研交流，加深了双方理解。与印度尼西亚国家电力公司充分开展征地移民经验交流，签署了谅解备忘录，将在低碳能源、环境和社会保障等领域深化技术合作。

这十年，我们注重回馈世界，乐于将我们取得的移民成功经验与世界分享。我们积极响应世界银行的要求，通过世界银行向世界传递中国水电移民经验。根据世界银行的倡议，和世界银行共同开展中国水电移民经验研究（*A Review of Resettlement Management Experiences in Hydropower Sector in China*，ID: P168260），在全国范围内选择长江三峡、向家坝、金安桥、董箐、公伯峡、五强溪、洪家渡、龙滩、滩坑、水口、江边、桐柏抽蓄等不同时期建设的水电项目作为典型案例进行回顾性总结，讲述中国水电移民故事，并出版《中国水电移民实践经验》。世界银行也向全球发布了《中国水电项目移民管理经验回顾——确定关键经验教训》（*A Review of Resettlement Management Experience in China Hydropower Projects—Identifying Key Lessons Learned*），用世界银行的声音讲述中国水电移民故事。

这十年，我们注重将经验积累形成的标准推向世界。我们主动将行业标准翻译成英文，为希望获得中国水电移民经验的国家提供政策借鉴。我们已开展了 7 项水电移民标准的翻译工作，正式发布 2 项，其他正在发布的准备过程中。下一步计划继续加大与世界银行、亚洲基础设施投资银行等多边银行合作，积极推介我国水电移民工作成熟的标准和案例经验，为构建人类命运共同体贡献水电移民力量。

党的十八大以来，在中国共产党的坚强领导下，我国水电事业和水电移民工作取得举世瞩目的辉煌成就，中国水电移民安置积累了很多宝贵的经验，在新时代，水电移民工作面对人民日益增长的美好生活需要和不平衡不充分的发展之间的矛盾，仍然有诸多难题需要与时俱进破解。习近平总书记在建党百年的讲话中指出，中国共产党根基在人民、血脉在人民、力量在人民；他强调，在新的征程上，我们必须紧紧依靠人民创造历史，坚持全心全意为人民服务的根本宗旨，践行以人民为中心的发展思想，发展全过程人民民主，维护社会公平正义，着力解决发展不平衡不充分问题和人民群众急难愁盼问题，推动人的全面发展、全体人民共同富裕取得更为明显的实质性进展！

展望未来，中国水电必将在推进实现“双碳”目标中继续担当重任，移民工作也将继续坚持人民至上理念，继续助力我国水电的高质量、可持续发展，进一步完整、准确、全面贯彻新发展理念，奋力推动水电移民事业实现新跨越，再立新功，再创佳绩！

为世界提供绿色环境友好产品的“中国方案”

——中国可再生能源绿色电力证书发展及展望

赵增海　郭雁珩　宋述军　艾　琳　邱　辰

可再生能源电力具有无碳、清洁、环保、可再生等特点，发展可再生能源是全球能源革命和绿色低碳发展的必然要求。2020 年 9 月 22 日，习近平主席在第七十五届联合国大会一般性辩论上宣布，中国将提高国家自主贡献力度，采取更加有力的政策和措施，二氧化碳排放力争于 2030 年前达到峰值，努力争取 2060 年前实现碳中和。《中共中央　国务院关于完整准确全面贯彻新发展理念做好碳达峰碳中和工作的意见》提出到 2030 年，非化石能源消费比重达到 25% 左右，风电、太阳能发电总装机容量达到 12 亿千瓦以上。可再生能源绿色电力证书（以下简称“绿证”）制度，正是我国促进可再生能源发展、推动能源体制变革、实现碳达峰碳中和目标的重要途径。

一　实施绿证制度是推动能源绿色低碳发展的重要途径

（一）可再生能源为推动我国能源结构转型发挥积极作用

中国电力行业碳排放量约占排放总量的 50%，减少电力行业碳排放是实现“2030 碳达峰、2060 碳中和”目标的关键，稳步发展可再生能源、助推生产端能源结构转型是电力行业低碳、绿色、清洁发展的必然选择。在国家各项政策支持下，我国可再生能源行业发展迅速。截至 2021 年底，可再生能源发电装机容量达到10.64亿千瓦，发电量持续增长，2021年全国可再生能源发电量达2.49万亿千瓦时，在推动我国能源结构转型方面发挥了积极作用。

（二）绿证是发挥环境价值，支持可再生能源发展的重要机制

随着全社会绿色电力消费意识的提升，用户消费绿色电力的比例和来源需要科学的计量方式和权威机构证明。为了保障绿色电力环境属性的可追溯性，国际上通常采用绿证作为绿色电力消费的证明方式，1个绿证对应1000千瓦时的电。作为独立的绿色电力计量工具和绿色电力环境价值交易载体，绿证在国际上已运行多年，绿证交易市场主要分为强制市场和自愿市场。

强制市场。强制市场将可再生能源配额制作为绿证的配套政策，通过法律、法规形式对可再生能源电力的市场份额做出强制性规定。政府向可再生能源发电企业发放与其上网电量相对应数量的绿证，配额义务主体可通过向发电企业购买绿证证明完成配额目标，以实现提高可再生能源利用比例的目的。英国、澳大利亚、瑞典、日本、韩国等20多个国家以及美国29个州和华盛顿特区等地均实施了配额制政策。国际经验表明，配额制及绿证交易是促进可再生能源产业持续健康发展的重要手段之一。

自愿市场。除绿证强制交易外，有经济承受能力、具有环境保护意识的个人和企业可以通过自愿的方式购买绿证，支持可再生能源发展。总体来看，在欧美国家，消费绿色电

力蔚然成风，已成为社会大众践行环保公益活动的重要途径。国际知名企业都十分重视消费绿色电力，截至2021年底，全球共有超过300家企业承诺未来实现100%使用可再生能源电力。

（三）绿证是兑现新能源环境价值，支持新型电力系统建设的重要力量

新能源电力具有物理电量和绿色环境价值双重属性。一方面，当前，陆上风电、光伏发电等新能源已全面步入平价上网阶段，按照我国电力市场推进进程，下一步新能源将逐步全面参与电力市场，面临较大的降价压力；另一方面新型电力系统在电能质量、辅助服务等方面对新能源发电提出了更高的技术要求，将进一步提高新能源发电系统成本。面对多重经济压力，通过绿证交易兑现新能源环境价值将成为向新能源发电提供正向价值激励、保障行业可持续发展的关键因素，可有力支持以新能源为主的新型电力系统建设。

二　我国绿色电力证书发展情况

（一）绿证核发交易总体平稳有序

从国际经验来看，绿证通常由政府委托的第三方机构进行核发以增强公信力。我国自2017年启动自愿绿证交易，并

明确适时建立强制绿证交易市场。根据国家发展改革委、财政部、国家能源局联合印发的文件要求，由国家可再生能源信息管理中心作为第三方机构建设运行全国绿证认购交易平台，同时负责我国绿证的核发及交易组织工作。目前，已推动建立了一整套规范、有效的绿证核发和交易体系，证书核发、交易总体平稳有序，初步推动全社会形成了较好的绿色电力消费共识。

■ 2017 年绿色电力证书自愿认购启动仪式

从绿证类型看，目前我国绿证主要包括补贴绿证和无补贴绿证两类。其中：补贴绿证核发范围为纳入国家补贴清单的陆上风电、光伏电站项目；无补贴绿证核发范围为平价（低价）陆上风电、光伏发电项目，以及超过全生命周期合理利用小时数或者达到补贴年限的可再生能源发电项目。

截至2022年7月底，全国补贴绿证累计核发数量约3421万个，累计认购数量约7.9万个。全国无补贴绿证核发工作于2021年5月正式启动，6月底，国家能源局章建华局长在江苏苏州国际能源变革论坛上宣布首笔无补贴绿证成功交易，助力实现论坛及交通零碳化。截至2022年7月底，无补贴绿证累计核发数量约1139万个，累计认购数量约197万个。

国际可再生能源100%消费计划组织（RE100）、绿色和平等国际非营利性组织持续倡导绿色低碳发展，除绿证强制市场外，自愿认购绿证提升绿色电力消费水平已成为重要趋势。我国绿证已于2020年初实现了与RE100的互认，在国际市场形成一定的影响力。

（二）衔接绿色电力交易试点

2021年8月，国家发展改革委、国家能源局复函国家电网公司、南方电网公司《关于绿色电力交易试点工作方案的请示》，推动开展绿色电力交易试点工作。2021年9月7日，全国绿色电力交易试点正式启动，共17个省（自治区、直辖市）的259家市场主体参与了首次交易，成交电量79.35亿千瓦时（交易期限为1～5年），成交均价较煤电基准价增加约2分/千瓦时，较当地电力中长期交易价格增加3～5分/千瓦时。

目前绿证核发交易制度已实现与绿电交易试点的有效衔接，国家可再生能源信息管理中心按照国家相关要求根据绿电交易结算数据批量核发绿证至北京、广州电力交易中心。截至2022年7月底，已核发绿电交易对应绿证超过108万个。

■ 绿色电力证书核发平台（国家可再生能源发电项目信息管理平台）

■ 中国绿色电力证书认购交易平台（绿证认购平台）

三 形势与展望

（一）能源发展战略要求持续提升绿色电力消费水平

国家提出碳达峰碳中和战略，电力作为碳排放重点行业，亟须推动发电端能源结构调整和消费侧绿色电力消费水平提升。国务院印发的《关于加快建立健全绿色低碳循环发展经济体系的指导意见》（国发〔2021〕4号）明确提出“推广绿色电力证书交易，引领全社会提升绿色电力消费”，国务院办公厅转发的《关于促进新时代新能源高质量发展的实施方案》提出“完善绿色电力证书制度，推广绿色电力证书交易”。绿证作为绿色电力消费的唯一凭证，将在绿色低碳发展中发挥重要作用。

（二）相关政策机制推动绿证应用场景不断拓展

一是计量可再生能源消纳量。《关于建立健全可再生能源电力消纳保障机制的通知》明确，各承担消纳责任的市场主体以实际消纳可再生能源电量为主要方式完成消纳量，同时可通过认购绿证等补充（替代）方式完成消纳责任权重。《关于2022年可再生能源电力消纳责任权重及有关事项的通知》提出，健全完善可再生能源绿色电力证书制度，从2022年起，逐步建立以可再生能源绿色电力证书计量可再生能源消纳量的相关制度。为发挥政策合力，需要做好绿证制度与可再生能源电力消纳保障机制的充分衔接。

二是核算新增可再生能源消费。2021 年底，中央经济工作会议提出"新增可再生能源和原料用能不纳入能源消费总量控制，创造条件尽早实现能耗双控向碳排放总量和强度双控转变"。国务院印发的《"十四五"节能减排综合工作方案》进一步明确，"各地区'十四五'时期新增可再生能源电力消费量不纳入地方能源消费总量考核，原料用能不纳入全国及地方能耗双控考核"。绿证作为绿色电力消费的唯一凭证，可用于核算新增可再生能源电力消费量。

三是计量二氧化碳减排量。碳交易是温室气体排放权交易的统称，目前世界上很多国家和地区都建立了碳交易体系。我国在前期试点基础上，于 2021 年 7 月 16 日正式启动碳交易市场。碳交易、绿证等相关机制都是服务"双碳"目标的重要市场化机制，考虑到每个绿证代表 1000 千瓦时的电，是天然且精确的二氧化碳减排量计量方式，未来将与碳交易有效衔接，助力绿色低碳发展。

四 结语

总体来看，我国绿证政策设计充分借鉴了国际先进经验，同时也体现了基于中国国情的设计理念。随着国家能源战略的逐步实施、经济社会绿色发展的纵深推进，在各项政策的大力推动下，无论是绿色电力生产端还是消费端都面临着重大机遇，政策红利将为我国绿证市场创造更广阔的空间。中国绿证也将为世界提供绿色环境友好产品的“中国方案”，为助力我国碳达峰碳中和目标实现作出历史性的贡献。

开启高水平安全治理新局面

——党的十八大以来统筹水电安全与发展纪实

李　昇　王忠耀　杜效鹄　张　妍　王继琳

发展是硬道理，安全是硬要求。党的十八大以来，我国水电行业坚持“五大”发展理念，贯彻落实总体国家安全观的内在要求，既重视工程安全，又重视公共安全，行业全面步入高质量发展新阶段，开启高水平安全治理新局面。

一 统筹发展与安全，水电建设取得巨大成就

党的十八大以来，按照高质量发展与高水平安全的内在要求，水电行业秉承工程全生命周期安全管理和流域系统风险可控的理念，注重科技创新，取得了巨大成就。

截至 2022 年 6 月底，我国水电总装机容量近 4 亿千瓦，其中常规水电约 3.6 亿千瓦、抽水蓄能约 0.4 亿千瓦，装机规模已连续 17 年稳居全球首位。随着白鹤滩、乌东德等一批巨型常规水电工程，以及全球装机规模最大的丰宁抽水蓄能电站投产，我国水电事业迈入高质量发展阶段。多项工程创造了世界第一，智能建造普遍推行，水电设计水平、施工能力、重大装备制造能力提升到一个全新的高度。中国水电实现了从“中国制造”到“中国创造”的历史性跨越。

当前，中国水电资源开发过半，梯级开发逐渐成群。在“建设与运营并重”的新业态下，全国流域水电安全与应急管理信息平台上线运行，在国内大型水电基地开展示范应用。

■ 乌东德水电站

流域系统风险防控与工程全生命周期安全管理的理念、方法和标准逐渐在行业得到认可和推广应用，大坝退役、水库应急放空、工程健康诊断与除险加固等一大批保障安全的行业标准颁布，为水电高质量发展保驾护航。

二 落实总体国家安全观，筑牢水电安全根基

作为国家重大基础设施，水电工程安全涉及国土安全、国民安全、经济安全、社会安全、生态安全、资源安全、能源安全等诸多领域，保障水电工程安全是贯彻落实总体国家安全观的重要内容。

（一）树牢底线思维，确保工程安全

习近平总书记指出：推动创新发展、协调发展、绿色发

展、开放发展、共享发展，前提都是国家安全、社会稳定。没有安全和稳定，一切都无从谈起。这就要求增强风险意识，树牢底线思维。2021 年 11 月 18 日，中共中央政治局召开会议，审议《国家安全战略（2021—2025 年）》等。会议指出："……确保粮食安全、能源矿产安全、重要基础设施安全……"随后国家多部委联合发布的《××安全风险评估办法》、国家能源局印发的《××安全风险评估办法》等文件，将大中型水电工程归为重大基础设施之列，这是党的十八大以来保障水电工程安全作出的制度性安排。其间，国家能源局还相继印发了《电力安全生产行动计划（2018—2020 年）》《电力行业应急能力建设行动计划（2018—2020 年）》《电力安全生产"十四五"行动计划》，对大坝安全应急管理、隐患治理、风险管控和流域梯级水电安全与应急管理提出了具体要求。

在国家能源局的指导下，行业智库负责编制了技术标准，有效指导水电工程安全与应急管理工作；构建了全国流域水电应急大数据平台，显著提升流域水电应急管理在监测预警、应急处置、灾损分析等方面的能力和水平。建设运营单位严格落实安全生产法律法规及标准规范，建立健全双重预防机制，开展应急能力建设，不断提升企业预防预警和应急处置能力。

（二）防范化解重大风险，全力发挥防灾减灾作用

水电工程尤其是高坝大库，在防洪保安、供水灌溉、清洁电力、保障国民经济可持续发展和防灾减灾等方面发挥了巨大的、不可替代的作用。立足新发展阶段，水电工程在国家防灾减灾体系和应急能力提升中的作用将更加突显。党的

■ “长江 2020 年第 2 号洪水”平稳通过三峡大坝

图片来源：新华社　王罡摄

十八大以来，建成了金沙江白鹤滩、乌东德以及雅砻江两河口等一批高坝大库，这些控制性水库显著提升了流域综合调控能力。联合调度、优化运行，不仅提高了全流域的发电量，为电力保供作出重要贡献，而且显著提升了流域防洪抗旱能力，显著降低了洪涝和水旱灾害的损失。

2020 年，长江流域联合调度 41 座大型水电工程，总防洪库容 598 亿立方米，成功应对流域性大洪水，切实保障了流域人民群众生命财产安全。

通过对金沙江中游梨园、阿海、金安桥、龙开口、鲁地拉等 5 座电站的联合调度，2018 年“11・3”白格堰塞湖溃

■ “11・3”白格堰塞湖溃坝洪水演进至攀枝花市区淹没范围（陈祖煜院士团队推测）

坝洪水威胁被成功化解，特大洪水滞蓄在梨园库内，防止洪水风险进一步传导。如果没有金沙江中游这5座电站的调控，预测“11·3”白格溃坝洪水还将演进350公里，一直行进至攀枝花市，受淹面积将增加160平方公里，攀枝花市区的水位上涨高度将达到3.39米。

通过长江流域控制性水电工程的联合调度，2018年和2019年年初低温雨雪天气和长江口咸潮入侵等不利影响得到有效应对；2021年年初汉江下游水华暴发被及时抑制，保障了40万人供水安全。

流域梯级开发带动了高精度、系统化、全覆盖的流域基础监测信息，通过科学分析与优化调度提升了重大灾害预警能力和重大风险防控能力。金沙江白格堰塞湖的处置，就是依靠水电工程建设的监测预警体系开展调度优化，并结合科学合理的工程措施，在重大灾害面前未造成一人伤亡。

水电开发是促进我国防灾减灾体系完善和应急能力提升的重要举措，也是提升自然灾害防御能力的根本手段，更是实现流域系统长治久安的基础之策。

三 立足新阶段，水电仍将大有可为

2020年9月22日，习近平主席在第七十五届联合国大会一般性辩论上宣布，中国的二氧化碳排放力争于2030年前达到峰值，努力争取2060年前实现碳中和。自主减排的“双碳”战略是中国应对气候变化做出的庄严承诺。双碳战略目标的实现，能源是主战场，电力是主力军。在电力领域要落实两个构建——构建清洁低碳安全高效的能源体系，构建以新能源为主体的新型电力系统。

（一）“双碳”战略给水电带来了新发展机遇

新型电力系统高比例消纳新能源面临诸多问题，其中最突出的是系统可靠容量和长周期调节能力。水电无疑是目前最佳的可提供可靠容量、具备长周期调节能力和经济性的基础电力。对于常规水电，客观上加快了澜沧江、金沙江、黄河、雅砻江等主要流域上游梯级电站的开发进程；对于抽水蓄能，更是迎来了全新的发展时代。

（二）政策驱动水电快速发展

《中华人民共和国国民经济和社会发展第十四个五年规划和 2035 年远景目标纲要》《“十四五”现代能源体系规划》《抽水蓄能中长期发展规划（2021—2035 年）》《国家发展改革委关于进一步完善抽水蓄能价格形成机制的意见》（发改价格〔2021〕633 号）等一系列政策文件，极大地促进了社会各界投资水电的积极性。

新时期水电建设与管理面临诸多挑战，最为突出的是复杂建设条件的挑战和流域系统风险的挑战。一方面，待开发的水电资源多处于西南高寒高海拔地区，建设条件极其复杂，诸如在超深厚覆盖层和超高地震烈度上建坝，深埋长大地下洞室群建设，巨型滑坡、泥石流、冰湖溃决等地质灾害应对等。复杂建设条件增加了工程技术难度。另一方面，已建水电逐渐开发成群，极端天气引发的超标准洪水频现、流域统筹下的系统安全管理机制尚未形成，加之梯级电站均是按单库单坝设计，梯级间标准不匹配等问题凸显。梯级水电站安全保障与应急管理任务艰巨。

在全面建设社会主义现代化国家、向第二个百年奋斗目标进军的新阶段，水电开发坚持以安全为刚性约束的“五大”发展理念，仍将大有可为。

（三）创新发展理念，推动高质量发展

在践行“双碳”目标和推动能源安全新战略中，新建常规水电、扩建在运水电和加快抽水蓄能建设是必然选择。但是常规水电无论是新建还是扩建，都面临经济性挑战。单一的常规水电、抽水蓄能开发都面临价格疏导问题，而单独的新能源开发面临并网消纳困难。因此，单一电力品种的开发模式都难以满足新型电力系统的需要，这需要创新发展模式。

一要创新规划理念。从水能规划向多能一体化的规划理念转变。传统的单一站点 + 流域梯级协调的水电基地，整体是“点”“线”结合的规划思想，现在是“水电基地 + 风 + 光 + 储”多能协调的清洁能源基地，因此“线”规划思想需要拓展到“面”规划思想。

二要创新管理方式。从“水风光储”发电侧管理向“发配售”一体化管理转变：电网分层分区平衡，“发、输、配、售、用”之间建立基于市场规则、安全协议和技术标准的电

力电量与碳排放交易协议。

三要创新规划理论。发展多重约束下的规划理论：开创综合协同发展条件下的水、风、光、储多能协调规划理论，安全与风险约束下的资源匹配、效益分配与补偿机制。

展望未来，现在的水电企业或流域公司将成为一体化规划、一体化资源开发建设、一体化调度送出、一体化消纳以及一体化运行管理的清洁能源公司。

需要转变安全思维，推行高水平安全。目前，水电是保障经济社会发展的基石；未来，水电在新型电力系统中不再是单一的电量商品，将承载更多的功能，赋予更高的定位。正因为功能多、定位高，即有“福祸相依”“受益致损”的辩证关系，需要秉持差之毫厘、谬以千里的安全思维。

推行流域水电高水平安全首先需要转变安全理念。水电工程首先要应对的是地震、洪水、地质灾害等自然风险。在全球气候变化的大背景下，地震、暴雨等多致灾因子耦合，与滑坡、崩塌等多灾种风险的级链效应，使风险链更加复杂，灾损更加严重，因此流域安全管理要有大概率思维应对小概率事件的安全理念。其次要在方法上以系统风险管理统筹工程安全、公共安全和生态安全，明晰风险链的传递机制。最后要采用现代信息技术手段推行高水平安全，建立覆盖全流域的“空—天—地—水”一体化监测网络，打破信息孤岛，实现全流域信息共享，完善“测防报抗救援”全链条管理环节。

四 结语

“安全和发展是一体之两翼、驱动之双轮。”在总体国家安全观的顶层设计下，统筹好行业发展和安全两件大事，中国水电人一定能实现更高质量、更有效率、更可持续、更为安全的发展！

质监力量为高质量绿色发展保驾护航

——可再生能源发电工程质量监督发展与展望

李　昇　彭土标　黎扬佳　薛建峰　常昊天　李太成　李　榕

党的十八大以来，随着“四个革命、一个合作”能源安全新战略和“双碳”战略的贯彻实施，我国可再生能源进入大规模、高比例发展的快车道。习近平总书记在2021年12月中央经济工作会议上强调，传统能源逐步退出要建立在新能源安全可靠的替代基础上。可再生能源发电工程质量监督作为政府对可再生能源发电工程质量实施监管的主要手段，其制度体系和实施机构的变革始终与可再生能源建设事业发展需要同频共振，并经实践充分证明是可再生能源建设行业不可或缺的一项基本管理制度，有力支撑了可再生能源建设事业的跨越式发展和高质量建设，为国家能源清洁低碳转型发展、加快构建新型电力系统贡献了质监力量。

一 可再生能源发电工程质量监督体系演进与发展改革

1999年10月，原国家经济贸易委员会以《关于委托国家电力公司承担电力建设工程质量监督工作的复函》委托原国家电力公司负责全国的电力工程质量监督管理工作。由此，电力质量监督工作由授权执法转向委托执法。2004—2012年，根据国家发展和改革委员会经济运行调节局《关于委托国家电网公司承担电力建设工程质量监督工作的复函》，国家电网公司牵头，南方电网公司与五大发电集团参与并共同负责包括可再生能源发电工程在内的电力建设工程质量监督工作。

2011年5月起，国家能源局对全国电力建设工程质量监督体系进行了调整，依托中国电力企业联合会设立电力工程质量监督总站，依托水电水利规划设计总院（以下简称“水电总院”）设立水电工程质量监督总站和国家可再生能源发电工程质量监督总站，各中心站/分站仍延续挂靠在电力企业（主要是国家电网公司和南方电网公司）的原有模式。水电工程质量监督总站承担政府对水电建设工程质量监督管理工作，国家可再生能源发电工程质量监督总站负责全国可再生能源发电工程质量监督管理工作，各中心站/分站主要承担电网工程和以风电、光伏发电为主的新能源发电工程的质量监督具体工作。2018年以来，国家能源局为进一步加强电力工程质量监督工作，专门成立了电力可靠性管理和工程质量监督中心，负责全国电力质监机构业务指导和监督工作。同时将电力工程质量监督总站更名为电力工程质量监督站；水电工程质量监督总站和国家可再生能源发电工程质量监督总站合并，更名为可再生能源发电工程质量监督站（以下简称“可再生能源质监站”）。建立了“1个质监中心+3个专业质监站+36个质监中心站”的电力质监实施机构体系。国家能源局先后印发了《国家能源局关于印发进一步加强电力建设工程质量监督管理工作意见的通知》（国能发安全〔2018〕21号）、《国家能源局关于进一步明确电力建设工程质量监督机构业务工作的通知》（国能函安全〔2020〕39号）、《国家能源局综合司关于公布电力建设工程质量监督机构名录的通知》（国能综通安全〔2022〕48号）等文件，明确了各电力质监机构的业务范围，为规范电力建设工程质量监督管理工作发挥了重要作用。

作为国家设在水电总院的可再生能源工程质量监督专门机构，可再生能源质监站负责国务院或国务院投资主管部门审批、核准的水电工程质监工作，兜底负责全国水电工程质监工作，兜底负责风力、光伏发电工程质监工作，兜底负责全国电源、电网侧储能电站工程质监工作，同时承担农林生物质、太阳能热发电等其他可再生能源发电工程质监工作。

▪ 水电站现场质量监督检查

二　可再生能源发电工程质量监督工作成效

党的十八大以来，我国在可再生能源领域已形成较为完备的技术产业体系。水电领域具备全球最大的百万千瓦水轮发电机组自主设计制造能力；光伏发电技术快速迭代，多次刷新电池转换效率世界纪录；低风速、抗台风、超高塔架、超高海拔风电技术位居世界前列，10 兆瓦海上风机开始批量生产。十年间，可再生能源发电工程质量监督主管部门和质监机构始终坚持贯彻中共中央、国务院关于质量工作的方针政策和决策部署，始终坚持以人民为中心的理念，始终坚持因时制宜、因情施策，始终坚持独具行业特色的发展之路，在发展中不断完善质量监督体系和工作机制，不断强化质量监督机构的能力建设，为支撑和保障可再生能源实现跨越式发展发挥了重要作用。

（一）构建了完整的质量监督组织管理体系

国家能源局为进一步加强全国电力建设工程质量监督管理，重新调整了归口管理部门，专门成立电力可靠性管理和工程质量监督中心，负责全国电力质监机构业务指导和监督工作。当前全国可再生能源发电工程质量监督管理体系已日臻完备，已形成了国家能源局全面统筹、业务司局专门负责归口管理，电力可靠性管理和工程质量监督中心专业化管理，省（自治区、直辖市）能源主管部门落实属地管理职责，质监机构具体实施质量监督工作，国家能源局派出机构承担所辖区域可再生能源发电工程质量安全监管和对质监机构的业务指导。从国家到省（自治区、直辖市）各级政府主管部门已形成权责清晰、分工明确的质量监督管理体系，既统筹了全国可再生能源建设质量管理全局，也实施具体的业务管理和日常考核管理，监督管理层次分明，有力地保证了质量监督更高效地发挥为工程质量保驾护航的作用。

（二）形成了适应新时代需要的专业机构体系

党的十八大以来，随着全国电力建设工程质量监督组织管理体系的进一步完善，国家能源局对质量监督机构也重新进行了调整，进一步明确职责和业务。已形成“1个质监中心+3个专业质监站+36个质监中心站”的电力质监实施机构体系。调整后的质监机构体系更适应可再生能源发电工程大发展的需要，各质监机构职责明确、各司其职，最大程度发挥了各质监机构优势互补、相互促进的体系特点。可再生能源发电工程质量监督机构不断加强队伍建设、完善机构设置、规范运行机制、提高监督效能。其中，可再生能源质监站已发展成为领域内最权威的专业化质监机构。截至2022年10月，可再生能源质监站拥有专职专业技术和综合管理人员80余人，以及包括中国工程院院士、全国勘察设计大师在内的近500人的核心专家团队，集聚了一大批行业知名专家；工程类别涵盖常规水电、抽水蓄能、陆上风电、海上风电、光伏发电、太阳能热发电、生物质发电、新型储能等8个类别；技术专业涉及工程地质、水工结构、水电施工、水力机电、金属结构、工程管理、建筑、锅炉、汽机、电气、化学、焊接与金属、热控、输电线路等14个专业。可再生能源建设涉及电源工程、配套送出工程等多专业领域，可再生能源质监站与项目所在地各质监中心站协同监督，充分发挥各自在电源工程、输变电工程方面的技术优势，为各可再生能源发电工程建设提供了高质量的质监服务。

■ 马洪琪院士在长河坝水电站大坝现场质量监督

根据可再生能源发电工程的分布，水电总院进一步完善了可再生能源质监站各分站、项目站等派出机构的设置。总部设在北京，分站是总部派出机构，按省或区域合理设置。截至 2022 年 10 月，设有四川、西藏、云南、福建、江西、东北、西北、中南、山东、安徽、河南等 11 个分站；根据大型水电工程和水电基地建设情况，设立了白鹤滩、乌东德以及金沙江上游 3 个项目站。区域分站机构的设置，进一步保证了对以光伏发电、风力发电为主的新能源发电工程质监工作的及时性，很好地适应了新能源项目点多面广、建设周期短的特点，也保证了质监机构与国家能源局有关派出机构和各地能源管理部门的工作协同。在国家重点工程实施“巡视检查 + 驻站监督”的工作模式，强化工程建设全过程质量监管，有效保障了“大国重器”的高质量建设。

■ 2014 年水电工程质量监督总站四川分站挂牌成立

（三）建立了完备的质量监督技术文件体系

党的十八大以来，国家能源局先后发布了《风力发电工程质量监督检查大纲》《光伏发电工程质量监督检查大纲》《水电建设工程质量监督检查大纲》《海上风力发电建设工程质量监督检查大纲（试行）》《生物质发电建设工程质量监督检查大纲》《太阳能热发电建设工程质量监督检查大纲》，逐步形成了独具行业特色的可再生能源发电工程质量监督技术文件体系，作为质监机构实施监督检查工作的主要依据，在预防和减少质量安全事故、保障工程质量、提升质量监督效能等方面发挥了重要作用。

（四）支撑了可再生能源的跨越式发展

截至2021年底，我国可再生能源发电累计装机容量达到10.64亿千瓦，为2012年底的3.4倍。其中水电、风电、光伏发电累计装机容量均超过3亿千瓦。可再生能源发电工程质量监督各级主管部门和各质监机构贯彻国家质量方针政策、普及建设领域法律法规，引导企业提升质量意识；整治工程质量问题和缺陷，保障可再生能源建设质量安全常年稳定可控；规范质量管理行为，促进可再生能源行业建设管理水平提升；引导实体质量提升，促进工程建设施工工艺革新、标准规范修订，有力支撑了可再生能源建设事业的跨越式发展和高质量建设。

党的十八大以来，在可再生能源建设领域，经过政府、企业和质监机构的不懈努力，已经基本形成了以质量第一为价值导向，政府主管部门重视质量、企业坚守优质建设的行业氛围。一些质量管理和实体质量突出问题得到了有效治理，一些重点工程以建设精品工程、百年工程为目标积极推进工程质量管理标准化，工程建设质量安全总体水平持续稳步提升。龙开口水电站、大岗山水电站、猴子岩水电站、大华桥水电站、洪屏抽水蓄能、溧阳抽水蓄能、中电投滨海北区H1#100兆瓦海上风电、国华东台四期（H2）300兆瓦海上风电、国电舟山普陀6号海上风电等一大批电力工程相继获得国家优质工程金奖、中国建筑工程鲁班奖等工程建设领域最高质量荣誉，在建的金沙江乌东德、白鹤滩水电站工程被成功打造成“世界一流精品工程”。

■ 白鹤滩大坝取出长 34.86 米的常态混凝土芯样

在应对近年来光伏发电、陆上风电和海上风电建设项目集中爆发式增长，保证项目安全可靠及时并网等方面，可再生能源发电工程成熟有效的质量监督机制发挥了重要作用，

■ 可再生能源质量监督党员突击队在海拔超 5000 米的西藏哲古风电场现场

助力我国风电、光伏发电全面实现无补贴平价上网。可再生能源发电工程质量监督机构也得到了政府和广大工程建设者普遍认可，被誉为“可再生能源发电工程高质量建设的忠诚守护者”。

基于技术威望和行业公信力，可再生能源发电工程质量监督也成功走出国门，助力打响中国建设品牌。可再生能源质监站对柬埔寨桑河二级水电站、老挝色拉龙水电站开展建设期质量监督工作，取得了良好效果，为我国可再生能源发电工程高质量走出国门把好关。

■ 被誉为柬埔寨的“三峡工程”——中国华能柬埔寨桑河二级水电站

三　可再生能源发电工程质量监督发展展望

为促进实现碳达峰、碳中和目标，“十四五”期间我国可再生能源要进一步实现“高质量跃升发展”，大力实施可再生能源替代行动，促进可再生能源大规模、高比例、高质量、市场化发展，有效支撑清洁低碳、安全高效的现代能源体系建设。在这种背景下，我国可再生能源发电工程质量监督工作也面临着新形势，需要适应新要求。一是推进经济社会高质量发展对质量监督管理工作提出更高要求；二是工程建设项目持续保持较大规模、技术复杂度不断提升，给质量监督能力建设带来更多挑战；三是投资主体多元化，项目管理模式复杂化，新能源发电工程比重不断增大，持续加大质量监督检查工作压力。

可再生能源发电工程质监机构将全方位加强能力建设，响应新时代发展对质监工作提出的新要求。一是增强规范履行监督职责的能力，进一步提升质量监督工作的标准化、程序化、规范化水平；二是增强服务行业发展的能力，坚持监督和服务并举，正确处理履行监督职责与服务行业发展的关系；三是增强利用新技术手段的能力，坚持开拓创新，运用“互联网 +”、大数据、云计算、物联网等先进技术创新监督方式；四是增强质监人员专业素质自我提升的能力，质监专业人员需要从“专、精、深”向“一专多能”转变，要具备持续学习和自我提升的能力。

四　结语

展望未来，可再生能源发电工程各级主管部门和质监机构将以对党和人民高度负责、对祖国可再生能源事业高度负责的精神，不忘初心、牢记使命，开拓创新、勇于担当，为下一阶段可再生能源发电工程质量监督工作奠定一个良好的基础，为党和人民交上一份满意的答卷！

可再生能源国际合作成就与展望

顾洪宾　张益国　姜　昊　霍晶莹　谢越韬　范慧璞

能源是人类文明进步的基础和动力，关系人类生存和发展，攸关国计民生和国家安全，对于促进经济社会发展、增进人民福祉至为关键。党的十八大以来，习近平总书记站在统筹中华民族伟大复兴战略全局和世界百年未有之大变局的高度，统筹国内国际两个大局、发展安全两件大事，提出了“四个革命、一个合作”能源安全新战略。围绕推动能源消费革命、能源供给革命、能源技术革命、能源体制革命，全方位加强国际合作，实现开放条件下能源安全，彰显了以习近平同志为核心的党中央驾驭社会主义市场经济的卓越能力，体现了对新的时代条件下保障中国能源安全的深邃思考，展现了维护国家安全发展的坚定意志，为新时代中国能源高质量发展指明了方向。

在以习近平同志为核心的党中央坚强领导下，我们坚定不移推进全方位加强能源国际合作、以更大力度深入推进能源低碳转型，能源生产和利用方式发生重大变革，能源发展取得历史性成就，能源事业在高质量发展道路上迈出了新步伐。在向着全面建成社会主义现代化强国的第二个百年奋斗目标迈进的重大历史关头，总结好新时代可再生能源国际合作的成就与展望，对于构建现代能源体系、实现“双碳”目标、加快建设能源强国具有极其重要的参考价值。

■ 中巴经济走廊首个运营投产水电项目卡洛特水电站

一 可再生能源国际合作成就

党的十八大以来，伴随着中国经济腾飞和企业实力增强，中国可再生能源国际合作在机制建设、技术进步、企业发展以及标准制定等领域都取得了丰硕的成果。

（一）国际可再生能源合作机制建设

中国可再生能源国际合作的步伐日益加快，分别与全球100多个国家，以及东南亚国家联盟（东盟）、阿拉伯国家联盟（阿盟）和非洲联盟（非盟）等地区性国际组织开展了可再生能源双边和多边合作，积极参与二十国集团（G20）、亚太经济合作组织（APEC）等多边合作框架下可再生能源合作。近年来，中国与东盟开展了多次清洁能源能力建设培训，传播和分享了中国可再生能源发展的经验，在东盟国家受到了广泛好评；中国与阿盟签署了关于共同成立中阿清洁能源培训中心的合作协议，旨在进一步加强双方在清洁能源领域的交流与合作，满足中阿人民对清洁高效能源的需求；中国与非盟宣布同意建立中国—非盟能源伙伴关系，其中一项重要任务是帮助推动非洲国家可再生能源发展。

在人才培养方面，中国加强与“一带一路”相关各国在人才培训方面的合作，并鼓励中国可再生能源专家和智库为深化国际可再生能源合作提供智力支持。同时，通过引进先进适用技术、相互投资、开放市场等手段，中国可再生能源装备研发和制造水平得到显著提升，可以帮助合作国以较低的成本增加能源供应、实现能源高效清洁利用。

（二）可再生能源技术设备从发展引进、跟跑到部分引领、输出

在新中国成立初期，自主创新的中国可再生能源技术基础比较薄弱，核心和关键技术落后于世界先进水平，一些关键技术和装备依赖于国外引进。随着中国可再生能源科技水平的显著提高，科技进步在促进节能减排、优化能源结构、保证能源安全方面发挥了重要作用。在深化国际产能和装备制造合作方面，已经做到了“引技引智”并举，国际可再生能源技术合作力度不断加大，推动了可再生能源产业对外深度融合。中国能源企业的发展也从追求规模转变为追求质量，从资本输出转变为技术和人力输出，从过去被动适应国际贸

易规则转变为积极参与国际贸易规则的制定和定价中心的建设。

近年来，中国在可再生能源领域与各个国家分别开展了不同程度的技术合作，从 2006 年引进美国西屋公司 AP1000 第三代核电技术，到 2012 年与丹麦合作开发风能、生物质能、太阳能等可再生能源项目。当前，中国水电、光伏发电、风力发电以及相关设备制造均处于全球较高水平，引领世界相关产业发展，并出口至中巴经济走廊、中南半岛、新亚欧大陆、孟中印缅和中东。例如，中国与澳大利亚、日本、韩国和马来西亚在光伏产业的合作极为紧密，互动频繁；中国与欧洲一直重点关注可再生能源领域的合作，也共同参与推动全球能源转型在各项议题上加强合作；中美能源战略合作以可再生能源为主，合作重点大多集中在可持续发展、可再生能源等领域。

（三）企业发展从追求规模到追求质量

可再生能源领域“走出去”初期，中国大多采取从国际跨国公司承包的施工项目中进行专业技术承包或业务分包的模式进入国际市场。在市场不断拓展后，中国开始通过运用 EPC、BOT、BOOT 等承包方式开展独立经营。党的十八大以来，得益于企业对技术钻研的精益求精和对质量的多维度追求，中国能源企业“走出去”的步伐日益矫健。

中国可再生能源企业项目涉及风电、太阳能、水电、气电、热电联产、生物质能及燃料电池等多种清洁能源项目，已遍布亚洲、欧洲、非洲、大洋洲、北美洲、南美洲等六大洲百余个国家。围绕“一带一路”形成多个高质量区域利润中心和发展平台，在“一带一路”沿线等国家及地区重点培育市场，在发达国家正在进行积极探索。

中国还积极参与国际可再生能源项目合作，建设了中巴经济走廊首个投产的水电项目卡洛特水电站（装机容量72万千瓦）、中国援外最大水电项目布隆迪胡济巴济水电站（装机容量1.5万千瓦）、哈萨克斯坦和中国企业合资建设的中亚最大风电项目扎纳塔斯风电项目（装机容量10万千瓦）、阿联酋迪拜穆罕默德·本·拉希德五期光伏电站项目（装机容量90万千瓦）等一大批可再生能源项目。这些项目的建设对推动中国企业“走出去”，传播中国可再生能源发展理念和技术标准，深化中国与世界其他国家在更宽领域、更深层次、更高水平上产能合作和互利共赢具有十分重要的现实意义。

布隆迪能矿部与中方援建各方共同庆祝项目下闸蓄水成功

二 可再生能源国际合作未来方向与机会

随着国际合作步伐的不断迈进，中国可再生能源正逐步从国际市场的参与者和贡献者向引领者转变。面对这种转变，需要中国可再生能源产业在技术创新、产融结合等方面进行深入思考，适应自己的角色，克服面临的政策、文化、法律、习惯等障碍，在国际能源基础设施互联互通、清洁能源、能源合作机制、技术革新、智慧能源等领域深化国际合作，为构建更加开放、包容、普惠、互利的能源新秩序贡献力量。

■ 中企承建巴基斯坦在建最大水利枢纽巴沙大坝“云”开放

（一）“一带一路”相关国家能源合作

2019年4月，经“一带一路”全体成员国协商同意，国家能源局发布《“一带一路”能源合作伙伴关系合作原则与务实行动》，提出增进各国能源发展政策和规划的交流和协作，加强基础设施互联互通，提升能源资源贸易便利化水平，加强能源投资和产能合作，加强能源科技创新合作，促进各国在清洁能源、能效领域的合作，加强能力建设和人才培训的合作等方面的目标。未来中国与“一带一路”相关国家的能源合作机会有望在地域性和合作机制两个层面继续深化和拓展。

“一带一路”沿线既是传统化石能源的富集地区，也是新能源的开发热点，相关国家国际能源合作需要把握区域特色。中亚、西亚地区是全球油气资源核心地带，中国与其合作将围绕油气资源开发、输送、炼化、交易的全产业链开展。东南亚、南亚地区的电力基础设施相对薄弱，人均用电量偏低，中国可以发挥基础设施建设优势，在电力生产、跨境电力输送、电网升级改造等领域与当地政府和企业合作，提升当地电能质量和用电质量。中东欧国家重视清洁能源发展，且能源市场化程度较高，可与这些国家进行可再生能源、循环经济领域的合作，同时加强能源市场建设和价格稳定机制方面的交流。

（二）大力发展清洁能源合作

世界能源正向绿色低碳发展，主要经济体纷纷制定清洁能源发展规划，加大相关技术研发和应用。清洁能源替代化石能源必将成为未来国际能源合作的重点。中国在清洁能源领域已经积累了大量的项目建设运营经验和技术储备，是全球太阳能和风能装机最大的国家以及在建核电装机最大的国家。

太阳能、风能、水电和核电都是具备“走出去”能力的能源产业。运营境外光伏电站是太阳能国际合作的重要方向。总包商和设备供应商也在探索“投资+运营”的模式，通过投资和运营境外光伏电站，带动产品出口。中国已经形成具有自主知识产权的第三代核电技术，随着欧美主要国家核能支持率的回升，中国企业有望更多地参与国际核电合作研发，参与世界范围内核电站的投资、建设和运营，参与核电领域国际标准的制定和推广。

（三）加强中国企业“走出去”的深度

中国企业境外可再生能源投资尚未进入第一梯队。与国内如火如荼的可再生能源市场投资不同，长期以来中国企业在海外可再生能源市场投资方面进展较慢。以近年来蓬勃发展的越南市场为例，截至2021年10月31日，越南第一轮风电并网投产项目84个，其中中国企业投资数量占比不足10%。在国际化程度方面，2019—2020年五大发电集团（国家能源、中国华能、国家电投、中国华电、中国大唐）境外收入占比均低于7%，与德国莱茵集团、西班牙伊维尔德罗拉公司、意大利国家电力公司等企业超过60%的境外收入占比相比差距明显。此外，中国企业主要通过购买项目开发权或已投产电站的方式获取境外能源项目，在对投资企业综合能力要求较高的纯绿地开发和公开竞标方面，与国际一流投资商相比仍有较大劣势。

（四）加强中国制造的国际认可度

中国光伏制造领跑全球。中国光伏行业经过多年发展，产业规模持续扩大，已形成世界最完整、竞争力最强的产业链，具有稳定的生产和制造能力。2020 年，中国光伏企业多晶硅、硅片、电池片和组件产量的全球占比分别为 76%、96%、83% 和 76%，处于绝对领先地位。

风电制造国际竞争力有待提升。尽管中国风电装机规模与制造产能均居世界首位，但产品主要供应国内市场，境外市场占比很小。2020 年，全球除中国外风电新增装机 3860 万千瓦，中国风机出口量 119 万千瓦，占比仅 3.1%，且主要应用于中资企业投资或工程总承包（EPC）项目。由于中国风电设备企业“走出去”时间不长，参与项目和业绩较少，国际知名度和认可度不高，与美国通用电气、丹麦维斯塔斯、西门子歌美飒等国际巨头竞争时劣势明显。

（五）推动绿色金融高质量发展

近年来，中国发展绿色金融取得了显著成效。数据显示，截至 2021 年末，中国本外币绿色贷款余额近 16 万亿元，同比增长 33%；截至 2022 年 3 月，绿色债券余额约 1.3 万亿元，同比增长 36%。大力发展绿色金融是国家经济社会高质量发展的必然选择，绿色金融将有效引导更多的公共和私人资本流入相关投资领域，以支持碳中和及可持续目标的实现。中国作为全球最早建立绿色金融政策体系的国家之一，在国际气候议题和绿色金融合作中扮演着引领角色，可引导可再生能源开展全方位绿色金融合作。

大力开展可再生能源行业绿色产业链金融合作，发挥金融支持绿色发展的资源配置、风险管理和市场定价三大功能。一是通过政策手段引导和撬动金融资源向低碳项目、绿色转型项目、碳捕集与封存等绿色创新项目倾斜。二是通过资产风险权重调整等工具，增强金融体系管理气候变化相关风险的能力。三是推动建设碳排放权交易市场，发展碳期货等衍生产品，通过交易为排碳合理定价。

■ 由哈萨克斯坦和中国企业合资建设的中亚最大风电项目
——扎纳塔斯 10 万千瓦风电项目

三 可再生能源国际合作展望

以推动构建人类命运共同体、努力实现碳达峰碳中和为目标，以构建国内国际双循环相互促进的新发展格局为指导，以全球发展倡议和共建“一带一路”倡议为依托，全面贯彻习近平总书记“四个革命、一个合作”能源安全新战略和新发展理念，坚定不移推动中国可再生能源产业“走出去”；通盘谋划、协调推进、步步为营、久久为功，充分发挥全产业链资源优势和投资开发的引领带动作用；多措并举、多管齐下，不断提高企业国际竞争力，全面提升境外可再生能源项目质量和效益，全方位推动可再生能源国际合作走深走实，实现高质量发展。

（一）从政府层面加强统筹管理力度

建议以行业为单位，加强对外资源的统一管理，明确政府、企事业单位等各方的职责和分工，保障行业的规范，避免出现多头和无序现象，形成对外合作的合力，保障中方整体利益。重点发挥中巴、中缅、中尼等双边合作机制以及中非、中国—东盟、金砖五国、亚太经济合作组织（APEC）、二十国集团（G20）等多边合作机制的积极作用，充分发挥政府间合作平台的作用，构建政府—企业联动的合作网络；通过合作规划编制、重大能源合作项目合作等，深化和扩大与重点国家的能源务实合作。加强政府对外资金的集中统一管理，规范各类资金的用途和方向，注重资金的投入效果，分行业统一制定年度资金使用计划，防止出现资金的重复使用。加强对外合作信息的管理，搭建多渠道、多类别、统一的对外信息合作服务平台，促进信息在一定范围内的透明和共享。加强对风险的统一防控和管理，明确政府和企业在风险防控体系中的职责，建立健全海外风险防控管理体系。

（二）重视市场培育和市场维护

把培育市场作为对外合作的主要方向，充分发挥规划引领作用；加强可再生能源基地规划、河流水电规划等基础规划工作，为项目合作提供基础。加强战略谋划、政策研究、

■ 上海电气承建迪拜穆罕默德·本·拉希德（Mohammed bin Rashid）太阳能电站第五期

能力建设等软实力方面的合作，鼓励中国智库“走出去”；通过与境外智库的合作共同提升双方的合作层次，推动中国管理理念、管理体系、技术标准“走出去”。加强人才储备和派员能力，加强高素质人才队伍建设，促进人才国际交流，向国际组织输送具有国际化视野和实践经验的专业人才。加强对项目建设期和运行期的管理，建设一批高质量的精品工程；加大项目运行期的投入，保障项目持续稳定发挥作用，维护中国制造和中国品牌形象。

凝行业大咖之智，成大国能源之策

——水电总院新型智库建设取得重要成就

龚和平　彭烁君　马　伟　崔　宁

新时代以来，中国智库建设步入了新阶段。2013年11月，党的十八届三中全会发布《中共中央关于全面深化改革若干重大问题的决定》，提出了“加强中国特色社会新型智库建设，建立健全决策咨询制度”，首次提出“中国特色新型智库”。2015年1月，中共中央办公厅、国务院办公厅正式发布《关于加强中国特色新型智库建设的意见》，确定了中国特色新型智库发展的总体目标和发展路径。2016年5月28日，由国务院国资委研究中心与各中央企业智库自发结成央企智库联盟群体，通过开展联合研究、信息共享、决策咨询，形成持久性、公益性、学术性的智库群体交流机制，旨在建立智库群体交流机制，为国资国企改革发挥智囊和参谋作用，促进中央企业改革发展。央企智库是中央企业深入学习领会习近平新时代中国特色社会主义思想的重要抓手，是打造创新型央企、增强央企软实力的重要途径，为深化国企改革提供了重要智力支持。

水电总院是中央企业智库联盟副秘书长单位。作为能源局确定的首批16家研究咨询机构之一、15家能源领域行业标准化管理机构之一，水电总院承担了可再生能源行业政策研究、行业与专项规划、发布有影响力的行业发展报告、标准管理、信息数据支撑、质量监督、定额造价、技术研发、国际能源合作交流、流域综合监测、公共安全应急体系建设等工作，正在逐步发挥可再生能源行业央企智库“咨政建言、理论创新、舆论引导、社会服务、公共外交”等功能，具有建设国家能源行业一流智库的资源禀赋，并且朝向国际一流的智库目标成长和努力。

为进一步提升智库影响力和建设成效，水电总院提出在“十四五”末建成“国内一流、国际知名的能源领域国家级新型智库”的目标。其中，“国内一流、国际知名”是智库影响力的范围；“能源领域”是智库建设依托行业和智库研究的主攻方向，可从将可再生能源领域作为核心议题并拓展到更大范围；“国家级”代表智库的层级，需要立足于为国家战略和决策服务；“新型”则意味着智库要在体制机制上不断改革创新。

党的十八大以来，水电总院智库建设工作坚决贯彻落实习近平总书记关于可再生能源重要指示批示精神，重点学习党领导能源事业发展取得的辉煌成绩，坚定做好服务国家能源安全、服务可再生能源行业高质量发展的决心，不断推进国家可再生能源行业新型智库建设。服务国家部委和地方政府，形成《抽水蓄能中长期发展规划（2021—2035 年）》《青海清洁能源高地规划》《“一带一路”推进国际能源合作走深走实》等拳头研究产品；持续六年发布《中国可再生能源行业发展报告》；受国家部委委托，牵头承办东亚峰会清洁能源论坛、G20 能源部长会议、中欧海上风电论坛等知名国际会议；持续打造一系列国家可再生能源行业高端智库产品、不断扩大国际可再生能源交流合作平台，在国内国际引发强烈反响。在国内，“水电总院”的金字招牌影响力不断扩大；在国际，“CREEI”的知名度和美誉度深入人心，水电总院致力于建设成为国家可再生能源行业新型智库的高端品牌。

一 专注可再生能源领域研究，服务政府决策、谏言行业发展，智库建设硕果累累

（一）可再生能源行业政策研究志存高远

围绕政府关注点、社会盲点、行业痛点，主动开展能源行业具有前瞻性、系统性、创新性的政策研究工作。近年来，智库建设工作积极推进，陆续开展国家有关部委委托的“水电中长期发展研究”“可再生能源中长期开发利用研究”等164项重要研究工作，为政府决策和管理提供了大量专业且有价值的建议。组织撰写的《中国电建关于我国水电标准“走出去”面临的问题及政策建议》被中央办公厅采用，《新中国成立70年水电事业为决胜全面建成小康社会和建设美丽中国作出重要贡献》被国务院国资委《国资委信息》采用。

（二）服务国家重要战略长足进步

服务国家“构建现代能源体系”战略，积极推动雅鲁藏布江下游水电基地开发工作；服务国家“全面推动长江经济带发展”战略，开展“金沙江下游水电开发利益共享深化研究”“长江经济带战略环境影响评价水资源开发环境影响及对策专题研究”等课题研究；服务“扎实推进黄河流域生态保

护和高质量发展"战略，形成"青海清洁能源高地规划""面向黄河立法的黄河流域可再生能源高质量发展研究"等研究成果；服务国家"碳达峰碳中和"战略，完成"水电中长期发展投资价格财税政策研究""抽水蓄能中长期发展运营机制政策研究""水电中长期发展移民和环保政策研究""我国新能源行业高质量发展的方向、路径选择、评价标准和战略举措"等研究工作。多项研究成果为国家战略举措制定和落地提供有力技术支持。

水电总院积极发挥技术引领作用，加强技术审查推动水电工程项目核准前期工作，加强建设期技术服务和协调推进水电工程下闸蓄水发电，助力国家能源战略落地。党的十八大以来，全国常规水电新增投产规模约 1.26 亿千瓦、在建规模约 3800 万千瓦；抽水蓄能新增投产 1606 万千瓦、在建规模 6153 万千瓦，推动锦屏一级、锦屏二级、向家坝、溪洛渡、乌东德、白鹤滩、长龙山、丰宁等一批具有世界先进水平的水电工程如期建成。习近平同志对金沙江乌东德水电站首批机组投产发电作出重要指示、致信祝贺白鹤滩水电站首批机组投产发电，这是对水电事业健康发展的充分肯定。

（三）行业重大问题技术研究高效完成

根据国家能源局的部署，水电总院高效建成流域水电综合监测信息管理平台，定期发布各类监测报告，预测来水和发电形势，分析弃水主要原因，提出促进水电消纳的相关建议，为"减弃保供"提供数据和技术支撑，多项专报得到国家能源局领导的批示；圆满完成了国家能源局安排的水电站大坝安全隐患排查、长江经济带小水电清理整改、金沙江白格堰塞湖的应急处置专家组长单位等工作。

（四）可再生能源行业与专项规划成果丰硕

受国家有关部委委托，积极承担国家级能源规划研究工作，全面完成了“十二五”水电发展规划、风电和太阳能发电发展规划，“十三五”水电、风电、太阳能、生物质能发展规划，牵头开展国家“十四五”可再生能源规划、全国防汛抗旱应急能力建设“十四五”规划编制研究工作；参与编制“十四五”能源发展、电力发展、能源技术创新、能源体制改革等规划工作。

在国家抽水蓄能发展规划方面，积极响应国家能源发展的新要求，全面组织开展全国抽水蓄能中长期发展规划汇总研究工作，高质量协助国家能源局编写抽水蓄能中长期发展规划文本及支撑材料，获得国家能源局的高度认可，规划一经发布便在社会产生热烈反响，为抽水蓄能行业加快发展营造良好外部环境。同时，起草《抽水蓄能项目建设管理办法》，努力推动抽水蓄能行业规范健康发展。

在可再生能源专项规划方面，组织开展金沙江、澜沧江、雅鲁藏布江等重大河流（河段）水电规划及部分河流的补充规划编制工作；推动特高压外送新能源基地、区域性的新能源基地、光伏领跑者基地、海上风电基地等规划与建设工作，一批水风光一体化可再生能源综合开发基地规划工作正在推动中。积极探索区域综合能源规划，创新开展了雄安新区、海南绿岛、长江新城、粤港澳大湾区综合能源发展规划。

（五）可再生能源行业发展报告高端发布

聚焦国内能源行业，连续 6 年发布年度《可再生能源行业发展报告》《光伏发电行业发展报告》，年度风电、光伏、生物质、农林生物质发电、垃圾焚烧发电、光伏领跑基地运行监测月报等行业报告。2022 年，发布国内首份具有开创性、里程碑意义的《抽水蓄能产业发展报告 2021》，业内反响良好。关注国际能源市场，积极开展国际能源合作研究、重点国别和细分领域能源电力投资分析与研究。形成《中国可再生能源国际合作年度报告》《东盟风电市场潜力和机会分析研究》《全球水资源现状及投资机会分析研究》《水电国际

■ 智库成果之《抽水蓄能产业发展报告 2021》

合作市场和机会分析研究》《东盟国家可再生能源发展案例研究：老挝与泰国》《中国在提升全球能源可及性方面的最佳实践与国际合作研究》《促进中国企业海外可再生能源投资的政策研究》《后疫情时代全球新能源装备制造产业布局调整分析》等国家、企业关注且当前市场上稀缺的研究产品，抢占制高点。

（六）可再生能源行业标准化管理成效斐然

作为我国可再生能源领域技术标准和规程规范的组织者和推动者、国家能源局批准的15家能源领域行业标准化管理机构之一，水电总院承担了我国能源行业6个水电标委会和2个风电分标委会的管理工作，积极推动可再生能源领域全文强制标准、行业技术标准的体系构建和制（修）订工作。截至2020年10月，管理国家、行业中外文标准800余项。仅2021年立项国家标准5项（含外文版2项）、行业标准69项（含外文版31项），发布国家推荐性标准1项、行业强制性标准3项、行业推荐性标准100项、行业标准外文版58项。

（七）国际可再生能源合作技术支撑全面建立

积极为中国政府参与国际能源治理提供技术支持，主导中巴、中缅、中非等国家（地区）“一带一路”能源合作机制，建成中国—东盟清洁能源合作机制、中国—阿盟清洁能源培训可再生能源分中心，筹建中非能源合作中心，致力提升我国在国际能源治理中话语权和水电总院的影响力；积极推进和组织落实国际能源合作规划，组织实施了中巴经济走廊能源合作规划、中缅电力合作规划、孟中印缅能源合作研究、缅甸全国流域综合治理规划、中国—尼泊尔政府间能源合作规划，开展老挝大坝安全体系建设咨询等，中国尼泊尔电力合作规划报告编制工作列入习近平主席出访尼泊尔成果。此外，广泛参与其他知名国际行业合作组织，在各领域加强国际联络，扩大“朋友圈”，形成品牌影响力，加强号召力，提升认可度。

二 智慧成就品牌，声音造就威望，智库发展影响力显著提升

党的十八大以来，水电总院积极培育智库品牌推广平台，利用行业报告发布会、行业高端论坛、国际会议等平台宣传中国可再生能源发展成就，为绿色能源发展贡献“总院智慧”。积极建立媒体互动良好机制，发挥行业新闻“富矿”作用，组织策划媒体采访、发出专家声音，传递技术观点，选树推举行业专家，鼓励青年成名成家。新型智库社会影响力、品牌影响力逐年提升。

（一）可再生能源事业发展取得的辉煌成就宣传有力

2021 年，水电总院领导专家 6 人次接受中央电视台《东方时空》《中国在行动》，新华网《科技人生》等视频专访，阐释可再生能源发展政策，讲述党领导可再生能源事业发展取得的辉煌成就；署名文章《五部门统筹解决风电、光伏发展的痛点难点》《布局明天——抽水蓄能中长期规划》荣登

《人民日报》、《中国日报》、“学习强国”等媒体平台；集专家智慧成果、每年一度发布的《中国可再生能源发展报告》成为广受业界认可重磅资料、权威数据，着实有力地助推可再生能源高质量发展。

■《中国可再生能源发展报告 2021》

（二）正面宣传和舆论引导卓有成效

水电总院智库加强与媒体互动，围绕中心工作，重点抓好“十四五”规划，白鹤滩、乌东德水电站等重点工程，行业报告、移民经验、东亚峰会清洁能源论坛等宣传工作。加强企业文化和新闻宣传工作，讲好行业和智库故事，有序组织新华社、人民网以及行业媒体进行专题采访，对推动行业

■ 能源发展报告发布会

■ 央企智库沙龙

高质量发展等进行对外宣传，关于白鹤滩水电站等重点工程质量监督、移民安置、《中国可再生能源发展报告2021》发布会、堤防隐患和险情安全应急等报道被应急管理部、国务院国资委官媒及新华社、人民网、《电力报》、《改革报》等多家媒体转载，浏览量累计超过100万人次。央企智库沙龙暨“六铺炕能源”论坛会议直播浏览量超过80万人次。

（三）国际会议的宣传作用更加彰显

由国家能源局主办、水电总院承办的中欧海上风电产业合作与技术创新论坛吸引了新华社、《人民政协报》、中国新闻网、《中国改革报》、《经济日报》、《中国经济时报》、“一带一路”能源合作网等中央媒体，《新华日报》、江苏省广电总台、盐城市广电总台、《盐阜大众报》等省市媒体，以及新浪财经、能见、风芒、北极星电力、界面等行业媒体参与一线报道，凤凰网、腾讯网、搜狐网、澎湃新闻等近百家媒体进行追踪报道，网络直播观看量超过170万人次，百度搜索相关结果近200万条。由国家能源局主办、水电总院具体承办的第五届东亚峰会清洁能源论坛，围绕“高比例可再生能源驱动绿色复苏”的主题，积极宣传论坛作为信息共享、政策对话和项目对接的平台，成为推动中国—东盟区域能源合作、讲好高质量合作助力绿色低碳发展的能源故事的重要舞台。论坛由央视网、中国网面向全国直播，东盟各国拉流直播，引起社会热烈反响。

■ 第五届东亚峰会清洁能源论坛

三 从建言献策到舆论引导，从维护国家利益到拓宽国际合作，智库建设一直在路上

水电总院智库建设工作将继续严守初心，坚持用“智库精品”服务国家行业，在国家能源战略规划、政策研究、标准化建设等方面为政府决策和管理提供专业且有价值的建议，打造智库优质产品，传播总院影响力。同时，水电总院将积极培育智库品牌推广平台，利用行业报告发布会、行业高端论坛、“一带一路”国际合作高峰论坛、东亚峰会清洁能源论坛等国际会议平台，宣传展示中国可再生能源领域的成就以及水电总院在可再生能源发展领域的成绩。建立与党中央、

集团新闻媒体的战略协作，利用大媒体、大平台优势，传播总院的形象，提升总院的品牌影响力。通过中央电视台、新华社（网）、“学习强国”等平台，策划组织发布的行业重大新闻，持续提升总院公司的能源行业高端智库的社会影响力、品牌影响力。探索进一步加大中国特色智库在舆论引导、社会服务等方面的重要作用，不断增强驾驭和运用大众媒体路径，在融媒体背景下更好地做好智库成果传播和转化工作的能力。

谋划可再生能源健康发展，坚定不移地维护国家能源安全，是水电总院智库建设的庄严使命。坚持打造具有国际影响力的能源行业高端智库，坚守具有中国特色的国家属性，坚定维护中国利益的国家立场，推广中国标准，提供中国方案，讲好中国故事，是水电总院智库建设的出发点和根本原则。为此，水电总院将进一步探索和拓宽国际合作渠道，更加广泛地参与国际交流合作——发挥中巴、中缅、中尼等双边合作机制以及中非、中国—东盟、金砖五国、亚太经济合作组织（APEC）、二十国集团（G20）等多边合作机制的积极作用，充分发挥政府间合作平台的作用，构建政府—企业联动的合作网络；通过合作规划编制、重大能源合作项目合作等，深化和扩大与重点国家的能源务实合作。通过各类经验交流、技术合作、成果共享，实现水电总院智库“走出去”，在国际舞台上持续发声，全面提升水电总院在国际能源智库中的地位和影响力。

以服务党和政府决策为宗旨，以政策和战略研究咨询为主攻方向，以完善组织形式和管理方式为重点，建设成为

“国家亟需、特色鲜明、制度创新、引领发展”的高端智库，是水电总院一直不懈追求的目标。水电总院对照国家新型智库发展的新要求，围绕能源智库的特色和企业智库发展的特点，加快推进体制机制改革创新，努力探索国家级新型智库进阶之路，向建设“国际一流的智库型咨询公司”的愿景迈进。

四 结语

回首过去，水电总院深耕行业 70 载，智库影响力日益增强；展望未来，“双碳”目标下深入推进能源革命，水电总院智库建设面临更广阔发展空间。机遇与挑战并存，荣誉与责任同在，水电总院坚守建设“国内一流、国际知名的能源领域国家级新型智库”目标不动摇，在“百年未有之大变局”的国际大舞台上，巩固“水电总院”老字号，唱响“CREEI”进行曲，踔厉奋发，勇毅前行！

切实以高质量党建引领企业高质量发展

——党的十八大以来水电总院党建工作回顾

何　忠

党的十八大以来，习近平总书记高度重视国有企业党建工作，发表一系列重要讲话，作出一系列重要指示批示，特别是2016年出席全国国有企业党的建设工作会议并发表重要讲话，为国有企业党的建设指明了前进方向、提供了根本遵循。水电总院党委深入学习贯彻习近平总书记重要指示批示精神，严格执行党中央大政方针和国务院国资委党委、中国电建集团党委决策部署，带领广大党员干部真抓实干、担当作为，建立健全党建工作体系，着力提升党建工作质量，扎实有效推进全面从严治党各项要求落实落地。

一 将党的政治优势转化为企业发展优势

十年来，水电总院党委坚持以党的政治建设为统领，弘扬伟大建党精神，巩固拓展全国国有企业党的建设工作会议精神落实成果，切实将党的政治优势转化为企业发展优势，以高质量党建引领保障高质量发展。

（一）切实加强政治建设

旗帜鲜明讲政治，把党的政治建设摆在首位，把学习贯彻习近平新时代中国特色社会主义思想特别是关于国资国企改革发展和党的建设的重要论述作为党委会“第一议题”，结合企业实际制定贯彻落实措施，建立督办机制确保贯彻落实到位，有效推进学习宣贯往深里走、实里走、心里走。教育引导广大党员干部严格遵守政治纪律政治规矩，深刻领悟“两个确立”的决定性意义，增强“四个意识”、坚定“四个自信”、做到“两个维护”。严格落实加强党的政治建设的意见、新形势下党内政治生活的若干准则，认真组织开好民主生活会和组织生活会，着力提高党内政治生活质量，营造形成风清气正的良好政治生态。扎实做好重大专项工作、重大课题研究，在推动重大工程建设、助力可再生能源发展方面担当作为。深入贯彻落实习近平总书记关于统筹推进疫情防控和经济社会发展的重要讲话和重要指示批示精神，建立疫情防控体系，有序推进各项工作稳步开展。

水电总院组织参观“奋进新时代”主题成就展

（二）切实加强思想建设

制定中心组学习办法并按年度发布实施学习计划，形成每月生产计划会后开展中心组（扩大）学习的习惯并固定次日为支部主题党日，建立了党委会、中心组研讨、中心组（扩大）学习、支部主题党日联动学习机制，有效推动习近平新时代中国特色社会主义思想大学习大普及大落实。每年党委委员聚焦分管领域重点难点问题撰写高质量调研报告或理论文章，将学习研讨成果融入重大规划、重要工作和重点课题研究。认真组织开展党的群众路线教育实践活动、“三严三实”专题教育、“两学一做”学习教育、“不忘初心、牢记使命”主题教育、党史学习教育，教育引导广大党员干部进一步坚定理想信念、牢记党的宗旨、切实用党的创新理论武装头脑。

■ 组织党员参观学习

■ 水电总院组织参观庆祝中华人民共和国成立 70 周年大型成就展

（三）切实加强组织建设

不断健全完善党的组织体系，始终把领导班子建设作为核心任务，切实打造政治素质好、经营业绩好、团结协作好、作风形象好的领导团队。坚持四同步四对接，将党建工作纳入企业年度重点工作任务清单管理。结合实际系统总结形成"3+3+N"党建工作体系，紧紧围绕"建设良好政治生态""构建良好企业文化""推进战略落地实施"三条主线，认真打造"学习交流""人文关怀""优党建促发展"三个平台，深化巩固小党课促大党建、攻坚克难机制、一件实事一件难事、融合事项、总院大讲堂等党建工作载体。坚持大抓基层的鲜明导向，严格执行支部工作条例，不断推进支部建设规范化标

■ 水电总院组织开展两河口电站现场技术服务和党建交流活动

■ 可再生能源质监站党支部与国家电投山东海洋能源党总支开展党建共建活动

准化，党的组织和党的工作全覆盖。实行党支部差异化目标管理考核，组织各支部、党小组围绕战略发展需要制订创新创效目标任务，每年底开展支部书记述职评议考核，有效推进了党建工作和生产经营深度融合。坚持“抓两头带中间”，规范了“三会一课”等基础性工作。认真落实党员教育管理工作条例，持续抓好“三支队伍”建设，党员占比提高了15个百分点。不断创新支部活动形式，成立党员突击队18个，与业主单位、政府部门、地方企业开展联合党建活动20余次。

（四）切实加强干部人才队伍建设

认真落实新时代党的组织路线，健全了科学的干部管理体系，理顺了干部职级和序列。党委有效发挥领导和把关作用，坚持正确选人用人导向，坚持国企领导人“20字”要求，落实廉洁从业结论性评价双签字制度，严格执行选拔任用工作纪实制度，认真开展选人用人“一报告两评议”。结合现实需要和长远发展，不断加大发现培养选拔优秀年轻干部的工作力度，选派136人次到重大工程、设计单位或政府机关锻炼学习。不断深化干部监督管理和激励约束，按要求扎实开展了个人有关事项填报、兼职报批、因私出国（境）管理、经商办企业行为清理等工作。坚持党管人才原则，科学规划人才队伍建设的战略目标、政策措施和制度保障，实现了队伍规模和质量全面提升。建立博士后工作站招录培养博士后人员，推进企业内部导师制度，出台职业资格奖励措施，培训干部职工1808人次。不断优化组织架构和人力资源结构，加速人才队伍向高学历、强能力转变，引进高级职称人才 143 名，目前研究生占比 62.24%，高级职称占比 76.44%。

（五）切实加强新闻宣传工作

坚持党管宣传、党管意识形态、党管媒体，积极应对传播形态带来的挑战，建立健全宣传和舆论引导工作体系，建立新闻通讯员和信息员队伍。推动传播手段创新，拓宽传播平台载体，开通微信公众号，优化内外部网站建设，加强阵地建设和管理，走好网上群众路线。借助重大活动、国际会议、高端论坛策划组织重点报道，连续 6 年发布可再生能源行业发展报告，展示智库专家资政建言良好形象，不断宣传扩大品牌影响力。建立舆情监测机制，24 小时不间断监测，内部报送舆情周报，外部报送舆情专报。认真组织开展大型主题宣传活动，每年组织召开“七一”庆祝大会开展重温入党誓词等政治仪式。大力推动企业文化建设，总结提炼“服务、引领、责任、价值”核心文化理念，发布企业文化建设规划、企业文化手册、宣传画册、音乐形象片，强化技术立院、服务兴院、创新强院的意识，将传统“事业单位”形象转化为高端“行业智库”品牌。不断加大文化元素的覆盖和推广力度，加强安全文化、廉洁文化、质量文化和法治文化建设，提升全员安全、廉洁、质量和法治观念。深入开展创先争优典型选树工作，制订发布表彰奖励办法，每年评选“十件大事”“团结协作奖、开拓创新奖”，11 人次获集团公司党委表彰，总院党委获集团公司党委“先进基层党组织”表彰。

（六）切实加强制度建设

认真落实新时代党的建设总要求，把制度建设贯穿全面推进党的政治建设、思想建设、组织建设、作风建设、纪律建设之中，制订发布党建制度80项。根据工作实际需要多次修订完善了党委会议事规则、"三重一大"决策制度实施办法等，全级次企业落实了"党建进章程"要求，党委前置讨论已经成为企业决策重大事项的必经程序，落实了"双向进入、交叉任职"和党委书记、董事长"一肩挑"要求，党组织在公司治理结构中具有法定地位，两个"一以贯之"充分体现，党的全面领导实现了制度化、程序化。

（七）切实加强监督体系建设

不断健全完善了监督体系，形成了全方位的权力约束机制。坚持以党内监督为主导，切实加强了政治监督，盯牢重点领域、重要岗位和关键环节，重点加强对落实中央八项规定精神、"三重一大"事项、招投标、项目委外、选人用人以及职工最关心事项的监督检查。认真落实关于同级监督、一把手监督的有关要求，切实加强了对党员领导干部日常监督管理。构建了"全面监督"工作格局，创新建立"全面监督意见书"工作机制，推动纪检监督发挥协助引导功能，推动审计监督、法律监督、财务监督、民主监督等各类监督资源相互协调、形成合力。坚持把巡视整改和审计整改、党建考核整改、专项整改工作同步开展、一体推进，坚持销号制度、实行闭环管理，扎实做好整改工作"后半篇文章"。全面推进信息公开，打造“阳光总院”，抓实重点领域、关键环节的信息公开工作，突出对选人用人、重大决策、招标采购以及涉及企业改革、关系职工切身利益事项的公开，强化职工的知情权、参与权和监督权。

（八）切实加强作风建设

坚持把纪律和规矩挺在前面，持之以恒正风肃纪，认真开展了违反中央八项规定精神突出问题专项整治，推动干部职工严格执行水电总院进一步加强作风建设实施细则和负责人履职待遇、业务支出管理办法。紧盯年节假期重要节点，密切关注重点事项，认真开展廉政提醒，督促党员干部及重要部门、关键岗位人员自觉遵守廉洁从业各项规定。研究印发关于在生产技术工作中加强廉政建设的规定，严禁违规收受咨询费，推动树立客观独立的行业服务形象。坚决整治形式主义、官僚主义，围绕 4 大类 12 项问题逐项排查整治，推动职能部门重点查摆在服务生产经营改革发展等方面问题，推动生产业务部门重点查摆在服务政府、服务行业、服务业主、服务工程等方面问题，取得良好成效。制订印发开展专项整治意见，在服务理念、工作落实、会议实效、改进文风、调查研究、检查考核等 6 个方面提出了 20 条工作措施，在强化服务客户导向、提升真抓实干意识、树立良好行为规范方面发挥了重要作用。

（九）切实加强反腐倡廉工作

始终保持惩治腐败高压态势，推动主体责任、书记第一责任、监督责任、班子成员“一岗双责”贯通联动、一体落实、形成合力。按规定稳步推进纪委“三转”，推动纪检监察体制改革要求落实落地，按年度组织签订党建与反腐倡廉建设责任书、召开党风廉政建设和反腐败工作会以及反腐倡廉联席会，推动责任层层落实、压力层层传递。深化运用“四种形态”，畅通信访举报渠道，定期筛选分析，坚持抓早抓小，发现苗头及时纠正。不断健全完善制度体系，研究制订多项规章制度，进一步扎紧扎牢不能腐的笼子。积极发挥宣传教育的基础性作用，充分利用中心组学习、党课、培训、组织生活会等途径推动党员干部深入学习党章党规党纪，党员干部受教育面100%。认真开展形式多样的廉洁文化建设，及时开展警示教育，通过典型案例深入剖析、举一反三，以案释法、以案明纪、以案促治、以案促改。

■ 水电总院举办庆祝中国共产党成立100周年大会暨党委书记专题党课

（十）切实加强统战群团工作

每年组织召开统战工作座谈会，认真听取民主党派人士和无党派干部的意见建议，积极支持在行业和水电总院改革发展中发挥更大作用。切实加强对工会、共青团的领导，建立健全了工会和共青团组织，推动群团组织不断增强政治性、先进性、群众性。通过工会、共青团开展群众工作，组织动员职工群众坚定不移听党话、跟党走。全心全意依靠职工办企业，建立健全了以职工代表大会为基本形式的民主管理制度，推动职工群众当好主人翁、建功新时代。指导工会开展丰富多彩的职工文化体育活动，持续开展“三送关怀”活动，不断提升职工群众的获得感、幸福感。不断深化“党建带团建”工作，推动团员青年增强理想信念、立足岗位建功立业。团委连续 6 年举办“青年论坛”，深入开展青年文明号、青年岗位能手、青年突击队、青年示范岗等“青”字号品牌创建活动。4 人次获国务院国资委、中央企业团工委表彰，22 人次获集团公司工会表彰，13 人次获集团公司团委表彰，工会获集团公司“先进工会”表彰，团委两次获集团公司“五四红旗团委”表彰，3 人获集团公司“十大杰出青年”称号，1 项成果荣获全国青少年零碳科技领航项目及全国第十届“母亲河奖”绿色项目奖。

二　不断增强做好党建工作的使命感和责任心

十年来工作取得成效，根本原因在于深入学习贯彻习近平新时代中国特色社会主义思想，坚持党要管党、全面从严治党，不断深化对国有企业党的建设重大意义和目标任务的认识，不断增强做好党建工作的使命感和责任心，坚持把党中央精神和国资委党委、集团公司党委的各项要求具体化、各项工作落到位。

（一）必须旗帜鲜明讲政治，坚持党对国有企业的全面领导不动摇

必须坚定不移全面从严治党，教育引导广大党员干部认真学习贯彻习近平新时代中国特色社会主义思想，在思想上政治上行动上同以习近平同志为核心的党中央保持高度一致。坚决把“两个维护”落实到工作中行动中，健全完善习近平总书记重要指示批示和党中央重大决策部署贯彻落实情况的监督检查机制。抓好思想建设工作，抓好中心组学习和集中学习研讨，不断增强思想建设的针对性和实效性，把思想建设和解决现实问题紧密结合起来，切实做到学以致用、知行合一。把纪律和规矩挺在前面，强化政治纪律和政治规矩，带动廉洁纪律、群众纪律、工作纪律、生活纪律严起来。严格执行新形势下党内政治生活若干准则，自觉形成尊崇党章、遵规守纪的良好习惯。

（二）必须抓好融合融入工作，坚持服务生产经营不偏离

必须坚持建设中国特色现代企业制度，坚持党的领导与公司治理有机统一，健全完善党委发挥领导作用的体制机制，明确落实党组织在公司法人治理结构中的法定地位，扎

实推进规范董事会建设，落实经理层任期制和契约化管理。党委发挥领导作用，立足新发展阶段，完整、准确、全面贯彻新发展理念，构建新发展格局，推动高质量发展。党支部发挥主体作用，引导党员立足岗位作贡献，把生产经营的难点作为支部工作的重点，通过落实党建责任制考核的融合事项实现闭环管理。坚持围绕中心、服务大局，坚决防止“两张皮”，不断推进改革创新，不断丰富平台载体，夯实党建工作和生产经营深度融合的工作基础。坚持思想政治工作与企业文化建设有机统一，把思想政治工作同生产经营结合起来，把解决思想问题同解决实际问题结合起来。

（三）必须抓好制度建设，为工作推进提供坚实的制度规定前提

必须深刻理解加强党内法规制度建设的重大意义，坚持思想建党和制度治党相结合，把权力关进制度的笼子，推动党员干部按制度办事、按规矩用权。加强制度建设的顶层设计和系统谋划，牢牢把握党内法规制度建设的正确方向，重点梳理党的组织制度、干部人事制度、基层组织建设制度、人才发展体制机制等方面的不足和短板，认真开展废改立留工作，增强党建制度的系统性和科学性。狠抓制度的执行，将执行力建设摆在更加突出的位置，引导党员干部学深学透制度规定并做到内化于心外化于行。

（四）必须加强队伍建设，大力培养选拔适应企业发展需要的干部人才

必须坚持党管干部党管人才与市场化选人用人有机统一，保证党对干部人事工作的领导权和对重要干部的管理权，不断强化党组织选人用人工作的领导和把关作用，突出选人用人的政治标准，树立正确的选人用人导向，匡正选人用人的风气。遵循干部工作规律，建立健全科学有效的制度机制，落实“凡提四必”，防止“带病提拔”。坚持激励和约束并重，加大干部的培养教育力度，激发干部干事创业积极性，强化对关键岗位、重要人员特别是一把手的监督管理。健全完善人才工作领导体制、运行机制，建立健全人才发挥作用的工作平台、服务平台。高度重视人才对支撑引领创新发展的作用，强化“人才是第一资源”的理念，不断深化人才发展体制机制改革。

（五）必须抓好党的组织体系建设，切实推动全面从严治党向基层延伸

必须严格执行国有企业基层党组织工作条例，不断强化党委自身建设，扎实履行党的建设主体责任。党委班子成员切实强化使命意识责任担当，不断加强党性锻炼党性修养，努力提高政治觉悟政治能力，认真执行民主集中制，认真落实“一岗双责”。突出党支部建设，弘扬“支部建在连上”的光荣传统，认真贯彻落实支部工作条例，切实把抓好党支部作为组织体系建设的基本内容、管党治党的基本任务，扎实

推进支部标准化、规范化建设，全面提升党支部的组织力，不断强化党支部的政治功能。选优配强党支部书记，加强党支部书记和专兼职党务工作人员教育培训工作，不断提升政治素质、业务能力和工作作风。切实加强党员队伍建设，认真落实发展党员工作细则，坚持把政治标准放在首位，着力提高发展党员的质量，严格规范发展党员的程序。坚持集中性教育和经常性教育相结合，注重运用数字化手段和新媒体平台，不断增强党员教育管理工作的吸引力、实效性。

（六）必须抓好党风廉政建设，坚持无禁区、全覆盖、零容忍，坚持重遏制、强高压、长震慑

必须始终保持正风肃纪的政治定力，持续落实中央八项规定精神。坚决反“四风”、改作风、树新风，厉行勤俭节约、严禁铺张浪费，防止反弹回潮、隐形变异。定期深入分析研判反腐败工作的形势、趋势和阶段性特征，坚持党内监督与企业内控机制有机统一，坚持党建责任与经营责任有机统一，在抓常抓细抓长上下功夫，紧盯年节假期、关键领域、重要环节，及时提醒、强化监督、专项整治。必须严明纪律，全面加强纪律建设，坚持纪严于法、纪在法前，强化纪律教育，实现由惩治极少数向管住大多数拓展。严把选人用人“党风廉洁意见回复”关，防止选人用人不正之风和干部带病提拔。时刻清醒认识反腐败斗争的严峻性、复杂性，严加防范靠企吃企、关联交易、内外勾结侵吞国有资产等问题。不断强化廉政教育，三不腐一体推进，推动干部职工筑牢遵规守纪思想防线。

三 进一步推进党建工作开创新局面

下一步，水电总院党委要全面贯彻习近平新时代中国特色社会主义思想，深入学习贯彻党的二十大精神，坚定不移全面从严治党，结合实际在政治引领、体系建设、深度融合、改革创新、责任落实、能力提升等方面下更大功夫。在政治引领上，重点要进一步抓好第一议题全过程工作机制健全完善、党委班子以及干部队伍政治站位的提升、中心组学习安排的系统性全面性、职工群众的思想政治工作，切实为战略目标实现提供坚强政治保证。在体系建设上，重点要进一步抓好党委领导作用发挥的组织化制度化具体化、党建工作顶层设计和过程管理、支部工作规范化标准化科学化建设、党建基础工作和职能部门作用发挥，切实构建扎实有效的党建工作体系。在深度融合上，重点要进一步抓好党建工作与企业整体工作部署相融合、党建工作载体平台设计、支部工作与生产经营工作融合的切入点、融合融入制度机制建设，切实以企业改革发展成果检验党组织的工作和战斗力。在改革创新上，重点要进一步积极顺应时代潮流、勇于推进改革、准确识变科学应变、主动学习新知识运用新技术，持续保持奋力开拓锐意进取的精神风貌并结合实际创造性开展工作。在责任落实上，重点要进一步抓好党建工作责任制健全完善、党委主体责任的落实、党委班子成员和支部负责人履职尽责、管党治党责任落实的监督工作，切实形成一级抓一级、层层抓落实的新局面。在能力提升上，重点要进一步增强政治领导本领、处理复杂问题能力、抓班子带队伍能力、勇于自我革命的能力，做到敢于斗争、善于斗争，牢牢把握工作主动权。

全面从严治党永远在路上，党的自我革命永远在路上。水电总院党委将高举习近平新时代中国特色社会主义思想伟大旗帜，踔厉奋发、勇毅前行，构建党建工作新格局，展示党建工作新气象，切实为水电总院改革发展和战略实施提供坚强保障！

图书在版编目（CIP）数据

为美丽中国赋“能”／水电水利规划设计总院组编；李昇主编．-- 北京：中国经济出版社，2022.11

ISBN 978－7－5136－7157－6

Ⅰ．①为… Ⅱ．①水… ②李… Ⅲ．①水利水电工程－研究报告－中国 Ⅳ．①TV

中国版本图书馆 CIP 数据核字（2022）第 208994 号

策划统筹 马 伟
责任编辑 姜 静 李玄璇
文字编辑 郑 潇 王西琨
责任印制 马小宾
视觉呈现 孙晓霞
封面设计 任燕飞

出版发行 中国经济出版社
印 刷 者 北京富泰印刷有限责任公司
经 销 者 各地新华书店
开 本 710mm × 1000mm 1/16
印 张 12.25
字 数 200 千字
版 次 2022 年 11 月第 1 版
印 次 2022 年 11 月第 1 次
定 价 98.00 元
广告经营许可证 京西工商广字第 8179 号

中国经济出版社 网址 www.economyph.com 社址 北京市东城区安定门外大街 58 号 邮编 100011
本版图书如存在印装质量问题，请与本社销售中心联系调换（联系电话：010－57512564）